ワインが知りたくて

ワインが知りたくて

増井和子

駿河台出版社

目次

はじめに

ワインのことが知りたくて、一九八四年にはじめてペトリュスのブドウ園を訪ねて以来、今日までいくつかの旅をつづけてきた。そういうと、いかにも旅の主人公は私でありそうだが、そうではない。その折々のワインが主人公である。

生まれてはじめてグラス一杯のマルゴーを口にしたとき、ソムリエのピエールが低い静かな声で、マダム、薔薇の香りがしませんかと語りかけてきた。マルゴーの名前も響きも色も好きだった。以前訪ねたシャトーのたたずまいは清々しかった。しかも私にはマルゴーもワインも、なに一つわかってはいなかったのだ。

パリの古いビストロ風のその店はすりガラスの窓に花や動物が浮かび、壁のランプは蘭の花、ビロードの椅子、真白いテーブルクロスの上には小さなローソクが灯り、七、八つのテーブルがこぢんまりと並んでいた。仄暗い灯りと男女の語らいの中に、その薔薇の香りのするグラスはあった。いっとき語らいがとぎれ一瞬の静寂があった。細密画のように刻みこまれたその場の記憶が一枚の絵となって私の目に残った。

わたしはその夜の薔薇の香りの絵を、そっと切り取ってそのままもっておきたかった。文章にデッサンしてみようと何度も試みた。手も足もでなかった。綴ったノートは今も手もとにあるが……。でもこのとき私ははじめてフランスのワインというものに正面から向きあったにちがいない。ボンジュール、ワインと挨拶したくらいのことだが、もし、あの夜のテーブルに赤いマルゴーがなかったら、そのグラスから薔薇の香りを取り出してくれたソムリエがいなかったら、その後の私のワインの旅はおそらくはなかったろう。以来、私はゆきあたりばったりに、自分が知りたいまま魅せられるまま誘われるままに、ワインを求めてほっつき歩いた。もっとも私がパリへ来てから十年の月日がたつ。フランスに暮らすということは、ワインとの出逢いを余儀なくされるのであろう。

大げさにいえば、ワインを識って私はフランスの土をはじめて両掌にすくいとったのかもしれない。ワインはわからない。日とともに山積される厖大な存在だが、ますますわからない。旅をつづける。ワインは山の霧の中から現われて、河面の霞に消えてゆく。ワインの周辺をさまようだけだった。でもフランスの土には近づくことができた。旅は食、食は風土だと実感した。なによりも、ワインを作る、すばらしい人たちと出会うことができた。ワインなんて一代や二代ではできやしない、ワインは文化なんだからと、身体の心底から知っている逞しい人間たちだ。

フランスの文化は「男」と「女」だ。フェミナンとマスキュランの二面がある。強さとたおやかさ、理性と感性、科学と詩……。その両性のデリケートなせめぎあいとバランスこそフランスの美なのだ。ワインの中にはその美があり、フランスの美はワインそのものだと思う。

ここに私が旅したワインの二十数年を並べた。ムスカデの項は『パリの味』(既刊)に、そして、I――グラン・ヴァンと出会えての項は『ワイン紀行』(既刊)に収めたものを加筆訂正、II――『パリからのワイン通信』デペッシュドパリの項はそれ以後の旅行紀をそえた。

ワインのあるテーブルには華やいだ楽しさがある。フランス人は男も女もよく食べる。みんな、ジャン・ギャバンだ。その腕に、ごっついパンの塊を抱きかかえてナイフで切りとる。必ずワインがある。食って飲んで、よく喋べる。私はそれにつられた。私も食卓がなによりの楽しみになった。私がフランスにいる理由だろう。根源に食があるのだ。パンとワインがあり、男と女がいる。土が匂っているのだ。ほかに、なにが必要だというのだろう。

十年前に経験したあの夜のマルゴーの細かいデッサンは、少しずつ油絵の風景にかわった。脂が光る。影が加わる。マチエールが浮かぶ。光が走り風が渡った。白い花。百合。アカシア。リラ。レモン。オレンジ。ビスケット。バタ。朝の露。雨あがりの土。蘭草の切口。赤い果実。黒い実。マンゴー。シナモン。胡椒。茸。朽葉。トゥリュッフ。獣。枯れがけの薔薇。蜜。コニャックの琥珀。キャフェ。ショコラ……。色も香りも味も、絵具は濃く厚く深く塗りこめられてゆく。不用意にも私は、すばらしい料理とワインが作る至福を体験してしまったようだ。もう戻れまい。ワインの道は一方通行です。旅をつづけますか。ゆっくりと土を踏みしめて。そして、きっといつか、グラス一杯のマルゴーの、あの色、あの香り、あの味をもっと上手にお話しできるかもしれない。

I ―― グラン・ヴァンと出会えて

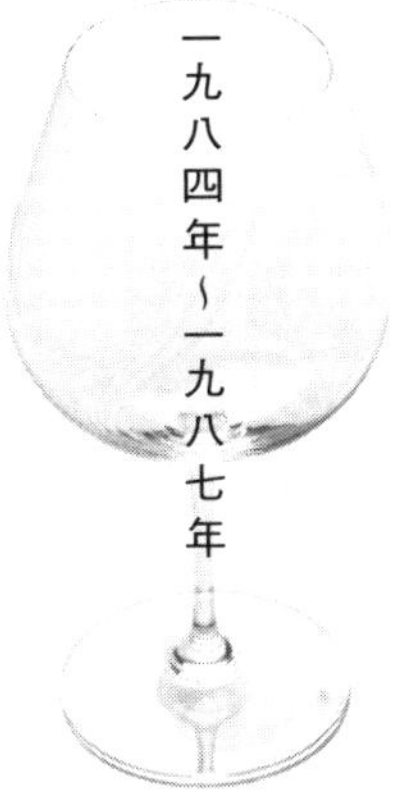

一九八四年〜一九八七年

シャトー・マルゴー

その晩、総勢五名は八時過ぎにレストラン「ラ・コキーユ」に集まった。娘の十九歳の誕生日だった。まずシャンパンでおめでとうをいい、料理を決めた。ワインについてはピエールに任せてあると私はいった。ピエールはまだ若いが落ちついた男で、メートル・ドテルとソムリエを務めている。

　みんなが選んだオードブルは、フォア・グラ、魚のムース、オマールのサラダ、私は鶏の砂ぎものサラダ、娘はこの店の特別料理の帆立貝《コキーユ》のグラタン。メインの料理は、子鳩、子羊のもも肉、シャトーブリアン、私は好物の子牛の胸腺《リ・ドゥ・ヴォ》を、娘は子牛の腎臓《ロニオン・ドゥ・ヴォ》を頼んだ。

　注文を書きとめたピエールは、にっこりうなずいて下がると、ほどなくワインをもって戻ってきた。

「いかがでしょうか、マダム」

　あかりの下で全員の目が古びたラベルに注がれた。とくに注文主の私には、ラベルの文字が正面から読めるような位置にピエールは立った。

「すごい」かねてからワイン通《つう》のフィリップがいった。向こう側に坐っていた娘は、「ママ、わたしの生まれた年とおなじよ」と目を輝かせた。フランスでは十八歳は大人だ。選挙権が与えられるし、教育の場でも大人としての扱いをうける。レストランで誕生祝いをすることにしたのも、そういう気持があるからだった。「一九六四年生まれ。十九歳のワインなのね。ありがとう」テーブルの様子を見守るピエールに私はいった。

「フィリップ、おねがいします」

　役柄をさとったフィリップは、テーブルのメンバーをぐるりと見まわした。どのレベルで話せばよいか思案したらしい。「オーケー」とうなずくと説明しはじめた。

「シャトー・マルゴーは、フランスの赤ワインの中でも最高級の銘柄の一つである。マドモアゼルの生まれた一九六四年は、〝ワインの生産年《ミレジム》〟としても最良の年の一つで、六四年は、ブドウの収穫の豊富な年でもあった。シャトー・マルゴーはその年、二万二千本生産された。いまパリ中の酒屋を探しても、おそらく一本も手に入るまい。もし見つかれば奇蹟だ」

　フィリップはいい切った。

「ウソッ。どうして？　賭ける！」

「いいですよ、マドモアゼル。喜んで挑戦に応じましょう」

　フィリップは、今夜これからあけるのがどれほど貴重なワインか、それを味わえる幸運をママとピエールに感謝するようにと若い娘をさとした。

「フランスはワインの国である」

　フィリップは少し廻り道をしなければなるまいと考えたらしい。

「労働者が朝キャフェで白ワインを一杯ひっかけ、仕事が終わった夕方には、ご苦労さまと、今度は赤を、また一杯やる。だがそれは今夜味わうような高級ワインではない。

よくフランスワインの代表として語られるボルドーやブルゴーニュでもない。フランスには各地に土地のワインがあって、ふだんはその安い地酒を飲む。ふだん食事のときにテーブルにのるワインといえば一本十フラン程度だ。よく話に云々される有名な銘柄は、フランス人の日常とは関係がない。なにかの祝いや特別の機会のとっておきだ。ワイン好きの家庭では、おやじが地下の物置きの片隅に酒倉《カーヴ》を作り二百本くらいは保存していることもある。だがそれも、ほとんどはテーブルワインで、銘柄品は何本かというところだろう。子供が生まれた年の銘柄ワインを何本か買って、その子が婚約したとか結婚の祝いにとかいってあける。これはワイン通の父親の楽しみの一つなのだが、そういう男は十二分に酒好きなため、なかなか初志を貫徹できない。五年目にどんなぐあいか心配なので一本あけ、七年、八年、九年と利き酒を重ねて十年と待たずに空にしてしまう。実は、かく申す私もその一人……。ワインの五年は人にたとえるなら社会人一年生だ。五年たてばそのワインがこの先どんなふうに成長してゆくかがわかる。プロはその辺で本格的に買い付ける。

そんなわけで銘柄ワインはレストランにいったときに飲む。いいレストランにはいい酒が揃っているし、当然いいカーヴももっている。ピエールのような専門家がついている。管理保存がいい。家庭ではなかなかできないことだ。ワインはデリケートな生きものだ。静かに眠らせてやらなきゃならない。カーヴの温度湿度。友人に地方の旧家の出の男がいる。彼の家のカーヴというのが大変な代物で、そこに百年保存したワインは醸造元が大事に保管したものよりもっと状態がいい。そのカーヴの上が池になっている。

温度が一定なだけでなく湿度のぐあいがいいのだろうという話だ。当然振動もない。ワインは極度に振動をきらう。カーヴのそばに地下鉄や高速道路ができたらもうおしまいだ。道路工事でもハラハラする。

今夜のマルゴーも、地下のカーヴに、おそらく到着以来動かすこともなく、ラベルを上に水平に倒して寝かせてあった。今朝ピエールは、瓶を寝かせたままそうっと抱きかかえるようにしてこの部屋まで上げてきた。酒倉の眠れる美女に目をさましてもらうためだ。〝シャンブレ〟という言葉をきいたことがあるだろう。十二度のカーヴにあったワインを、その酒が飲まれる部屋《シャンブル》の温度にする。マルゴーは十九年の眠りから醒めるときがきたのを感じたろう。今夜のお目見得の支度をしなければならない。それがシャンブレだ。マルゴーにしたら、まだうつらうつらだ。栓を抜いて、ほんとうに息を吹きかえすまであらあらしく揺りおこしてはいけない。栓をあけたときマルゴーはいよいよ自己開花を始める。空気に触れて、刻一刻と。それは食事とともに進む。ソムリエはワイン開花の儀式を司る。この日まで手塩にかけた一本を無事、最高の状態でディナーのテーブルに送り届ける。さっきのピエールの手つきを見ただろう?

おわかりかな。いいレストランへきて、溜息のでるような名酒の揃ったワインリストを眺めるのは、こたえられない男の愉しみというものだ。そもそもフランス人にとって、外でする食事はお祭りのようなもので、一年に何度かのお祭りに花をそえるのがワインである。奮発してわるいという理由は、どこにもない。さてマルゴーだが……」

エッドが口をはさんだ。娘の同級生で、今年ソルボンヌの哲学科の一年生だ。

「ブラッサンスのシャンソンに〝マルゴー〟というのがあります。このマルゴーも、あれとおなじ、女の子の名ですか」

「君が女性を想像してみたい気持はよくわかるよ。が、このマルゴーは、地名なのだ。

フランス西南部　Bordeaux＝ボルドー（地方）、Médoc＝メドック（地区）、Margaux＝マルゴー（村）。

マルゴー村には、むろん何軒もの醸造元《シャトー》があるが、このマルゴー村のブドウ畑でつくられたワインは、〝マルゴー〟と総称される。地域をひろげてメドック地区産を〝メドック〟、ボルドー産を、すべて〝ボルドー〟と地域の名で呼ぶのとおなじ考え方だ。もともとワインはブドウのジュースであり、ブドウの味はその土地の気候状態や土質に根ざすから、一定の地域のワインは似かよった味の特徴をもっている。地名で呼ぶことに意味があることがわかるだろう。そこで、わが〝シャトー・マルゴー〟だが、これはマルゴー中のマルゴーということになる。なぜなら、数あるマルゴー村の醸造元で、マルゴーを名のるうちはこのマルゴー醸造一軒しかない。つまりマルゴー村のマルゴーさんというわけだ。そこでは八十五ヘクタールのブドウ畑から、年間約二万本の赤ワインをつくっている。そのワインはボルドーワインを代表するメドックワインの中でも最高級の名ワインである。二万本。十九年。世界的名ワイン。となれば、今夜の一本が、どんなに奇跡的な存在かわかるだろう。

話はさかのぼるが、一八五五年に、メドック地区のワイン業者はメドック赤ワインの名声を保つために、ワイン作りに関する厳格な規則を定めた。同時に各赤ワイン製造業者を三つのクラスに格付けした。

特級《グラン・クリュ・クラッセ》（銘柄品）、一級《グラン・クリュ》、二級《クリュ・ブルジョワ》（むろんこの分類に入らないワインもある。それら無級のワインには、ただ「何某酒造《シャトー》」とだけ書いてある）。

さらにその特級酒六十銘柄についても五つのクラスに分類した。

第一等特級《プルミエ・グラン・クリュ・クラッセ》、五銘柄。

シャトー・マルゴー。シャトー・ラフィット・ロートシルト。シャトー・ラトゥール。シャトー・オー・ブリオン。シャトー・ムートン・ロートシルト（この銘柄は一九七三年にこの級に入った）。

第二等特級十四銘柄。第三等特級十四銘柄。第四等特級十銘柄。第五等特級十七銘柄。

さて一八五五年の規則だが、これは実に細部にわたっている。ワインの味を決めるブドウの品種にはじまり、接木する台木の品種、土壌、剪定、ヘクタール当たりの生産量、発酵させる酵母、発酵時に加える砂糖の量、発酵時の温度、醸造させる期間、搾るときの圧力……キリがないのでこのへんにするが、これだけ細かい約束事に縛られながら、各醸造元は、それ故にしのぎを削って腕をふるう。

たとえば自分のブドウ畑の土地にもっとも適した品種を、規定の品種の中から選び、その配合の分量を決める。ブドウの出来栄えや収穫量は、日照や湿度など自然条件に大きく左右される。ここでも醸造元は、その年のブドウの出来具合とにらみあわせた醸造方法を探す。たとえば、ワイン作りの出発点で、赤ワインの場合は皮や種などすべてをつけたまま発酵させるが、液状になったブドウから、いつ、その皮や種を引きあげるかは、ちょっとしたタイミングの問題なのだ。だがこれが、タンニンの含有量、つまり色、ひいてはワインの寿命、〝飲み頃〟を決める要素の一つになる。まあこれは、ほんの一例だが、醸造元の腕の良し悪し、つまり醸造元の名が大きく問題にされる理由がわかるだろう。

メドックワインは、規制によってその大枠を決めた。それが〝メドック〟産という共通した個性をもつワイン群を存在させた。だが一方では醸造元同士の、よい意味でのライバル意識が今日のメドックワインを育ててきた。ごらん、ソムリエの儀式がはじまるよ」

いつのまにか傍のテーブルに道具一式がととのっていた。薔薇の蔓で編んだワイン籠に寝かせたマルゴー。鉄製の燭台。カットグラスのキャラフ。蝶ネクタイに黒ジャケットのソムリエ、ピエール。帆立貝の貝殻模様を織りこんだテーブルクロスが白くやさしい。

ピエールはローソクに火をつけた。

瓶の鉛のキャップにナイフをいれた。

口から八ミリくらいの深さだった。

鉛のキャップは、栓がしっかり閉まる用心のためだが、注ぐとき、ワインがじかに鉛にふれることがないよう、ああして深めに切るのだ。コルクの先がみえ、カビらしいものがみえる。ピエールが丁寧に拭きとって栓抜きをねじこむ。なれた手つきだが慎重だ。

「みていてごらん。いいワインの栓は長い。上質のコルクが使ってある。弾力性がある。簡単にくずれたりはしない。しかし栓を突きぬけるほど栓抜きを深くいれてはコルクのくずがワインにはいる。少し手前で止めるのだ」

フィリップが娘にささやいている。

ピエールがゆっくりと栓を抜いた。もう一息と思ったとき抜く手を止めた。そして、栓抜きをねじ戻して抜きとった。

「どうしたの?」娘も声を落とした。

「力にまかせてぐいと抜いちゃダメなんだよ。一気にあけると一気に空気が入る。ワインに振動を与える。ああして慎重に栓を押しあげながら、少しずつ中へ空気を送ってやる」

ピエールは栓を抜いた。抜き取った栓を点検した。栓の先にはカビは生えていなかった。匂いにも異常はないらしかった。犬がものを嗅ぐときのように鼻先まで栓をもっていって嗅いだ。栓の先が湿ってワイン色に染まっている。その点でも合格らしい。先が湿っていることは、ワインがコルクを通して外の空気と接触していた証拠だ。マルゴーは生きていたのだ。

「これで、わかっただろ。ワインを保存するときは瓶を横に水平に寝かせなさいというわけが。鉛のキャップとコルクの栓で厳重にしまっているようでいて、その実、ワインはひっそりと呼吸している」

ピエールは傍らのグラスにワインを注いだ。それから姿勢をかえて、テーブルにちょっと背を向けるような恰好で、ひとりで飲み干した。自分がすすめたワインが、まちがいなく自分の期待したものであるかどうか、料理人が最後に仕上げたソースの味をみるように、ワインの責任者はその味を確認するのだろう。だがピエールの物腰があまり静かで美しかったので、ソムリエといわれる人はああしてひとり、慈しんだワインに別れを告げるのかと思った。彼が心もちこちらに背を向けたことで、これが舞台裏の行為だということも、わかった。

儀式はつづいた。ピエールはワイン籠からマルゴーを取り出し右手にもった。そのもち方が奇妙だった。瓶が、こんなふうに人の手にもたれるのをみたことがないような気がした。

瓶の底を掌に受け、四本の指で瓶を底から支えもち、親指を瓶の底のくぼみに差しこんで瓶を押える。いいワインの瓶の底に、かなり深いくぼみがあるのはこのためだろうか。

デカンタージュがはじまる。ピエールはもちあげた瓶をローソクの焔の真上へもってゆく。瓶の肩のあたりを焔が下から照らしだす。スポットライトだ。ワインはひとつ衣服をぬいだようにはじめてその鮮やかな色をあらわした。

焔を浴びながらマルゴーは静かに注がれた。ピエールは左手でキャラフを傾けて右手が注ぐマルゴーを受けた。空っぽだったガラス容器を美しい液体が満たしてゆく。

「なんのためなの？」

「待ちなさい。もうじき終わる」

娘の声が耳に入っていたのだろう。ピエールは注ぎおえた瓶を娘の前に差し出した。

「マドモアゼル。長く寝かせたワインには澱《おり》ができます」

彼は瓶を高くあげて底のあたりにたまった沈殿物を示しながらつづけた。

「召し上がる方に、澱が入らないようにキャラフに移しかえます。移しかえるときもキャラフに澱がいかないように、ああして明かりに透かして見張るのです。ゆっくり注いだのも、わずかとはいえ大切なワインを瓶に残したのも、そのためです。澱が筋になっているのがみえますか。寝かせてあったあいだ下になっていたところに、たまって固まったのです」

「ムッシュ・ピエール。ローソクの焔はワインをあたためるのですか」

エッドがきいた。

「あたためてはいけないのです。ただ移しかえる過程でワインは空気にふれます。部屋の温度にも近づきます。キャラフ自身も部屋の温度にあたたまっています。カーヴは十二度です。召し上がるワインは十八度が理想です。古いワインは一度くらい高めで飲むのがいいかと私は思います」

ピエールは栓を私の前においた。

マルゴーの瓶をワイン籠にもどして、やはりテーブルに差し出した。

栓は七センチくらいあった。文字がプリントしてある。
シャトー・マルゴー　Château Margaux
第一等特級　Premier Grand Cru Classé 1855
１９６４年
シャトーで瓶に詰める　Mise en Bouteille au Château
私がたずねかけたときピエールが答えた。
「一人のマルゴーさんがいます。瓶のレッテルには、そのマルゴーさんの素性が書いてあります。マルゴーは、ボルドー地方のメドック地区のマルゴー村のシャトー・マルゴーで一九六四年に生まれた。醸造元で瓶に詰められた第一等特級ワインである、とこんなぐあいです。ただし、レッテルの金文字にはボルドーという文字は見当たりません。瓶の形がボルドーであることを示す以外に、これがボルドー産のワインであることを示すものはありません。このワインを召し上がるくらいの方は、当然マルゴーがボルドーであることくらいはわかっていただいている、というつもりでしょう。いいワインは長く寝かせておくのが前提です。湿ったカーヴで、ごらんのようにラベルは相当傷んでいます。古くなると読めなくなることもままあります。そのときは栓に記載の文字だけが、一本のワインの素性をあかすものになります。いってみればレッテルにあるインフォメーションの要約です」
戸籍謄本と抄本みたいな関係なのだな、と私はひとり思った。
「栓《プーション》、記念にいただくわ」
飲んだワインの栓を集めている友人を思いだしながら私はいった。今夜のマルゴーがどれほど貴重な一本であるかが、だんだんわかってくる。ピエールの好意が身にしみた。ピエールにいっしょに味わってもらうことにした。珍しいワインをあけるときは、ソムリエにも一杯わかつ習慣がフランスにはある。すばらしいマルゴーに引きあわせてくれてありがとう。ソムリエの心遣いをねぎらうのだ。ピエールが注いだ。儀式はまだまだつづいた。

彼はグラスを手元に引きよせ真上から見下ろした。ちょうどレコード盤のような、まん丸いワインの表面がみえた。いいワインは張りがある。全体が膨らんでみえる。表面張力、その美しい「張り」をみ、色をみる。レコード盤の中央部と周辺では色の深さがちがった。

次に彼は、グラスの脚をもって目の高さまであげて光にかざした。脚をもつのはグラスに指紋がついて、せっかくの色がよくみえなくなるからだ。

真横から光に透かしてマルゴーをみる。

「惚れぼれするねえ」とフィリップがいった。

「きれいね、ママ」と娘も神妙な声になっている。透明なワインレッドだ。それも濃い赤紫色に近い。清澄な透明感、明るいが、その透明感はサラサラした水のそれとはちがう。どこかどっしりした重みを感じさせた。

「64年というと、すでに十九年たっています。この重量感といい、オレンジがかった深い色合いといい、熟したマルゴーならではのものです。ビロードという表現がぴったりです。ボルドーワインでは、メドック産は同じ絹でもビロードの艶、サンテミリオン産はサテンの輝きといいます」

光に透かしたマルゴーはあでやかなビロードだった。いつまでみていても飽きないような気がした。

十九年という時間の重み、一人の娘が育つ歳月は艶となり深みとなって出てくるのか。それはマルゴーという名の好ましい響きによく似合った。

ピエールはワイングラスをテーブルに置いた。グラスの脚を人差し指と中指ではさんで静かにまわした。ワインはグラスの中でゆっくり揺れて波打った。波はグラスの口のあたりまでとどき、グラスのまわりに幾筋かの雫《しずく》のあとを残して落ちた。その雫のあとを足と呼ぶ。

「女性の足です。ワインは、なにかと女性にたとえられる」とピーエルはつけ加えた。

安ワインでは、いくらまわしても足は現われない。新しいワインにも足はない。水っぽくて粘り気がないからだ。適度な濃度と粘り気がきれいな足を残す。ベタつきもせず水のようでもなく、よいワインは正確な間隔でゆっくりグラスをすべり落ちるのだ。「美しい足をみると、われわれはワインが泣いていると思うのです」とピエールはもう一度、グラスを光に透かしてみせた。

次は鼻、においの番だった。

やはりグラスをまわす。だが今度は、前のよりも早く強かったのでワインに渦巻きができるほどだった。それから彼は、すっと長い鼻をすっぽりグラスの中にいれた。そしてゆっくりと、肩が動くほど大きく吸いこむと、こちらの目をのぞきこむようにして、いつもの落ちついた口調でいった。

「薔薇の香りがしませんか。ちょっと苺の香りも含まれています。古い皮の匂いもあります。岩の匂いがかすかにします。いかがですか」

ピエールはもう一度深く嗅いだ。

「木苺《フランボワーズ》の香りがしてきました。少しオレンジの皮の匂いも感じられます。それから、これは、枯れ葉の匂いですね」

　彼はふたたびグラスの脚を指でつまんだ。そして手首を曲げたり伸ばしたりしながら、今度は前後に揺すった。

「ワインを壊すのです」グラスからワインがこぼれ出はしないかと心配なくらいだった。「試飲のとき、ワインをグラスの三分の一ほどしかつがないのは、このためです」とピエールは説明した。アルコール分を飛ばして、もっと奥にある芳香を引き出そうとするらしかった。今度も彼は、嗅ぎとった匂いを表わす言葉をさがしている。

「小石と土。青胡椒。ヴァニラ。桂皮《カネル》……」

　色。香り。ワインは目と鼻と口で味わうものだと聞いたことがある。ようやく口の番がきたらしかった。ピエールは気前よく一口、口に含んだ。彼は、舌を使って口全体にワインをまわした。甘味、苦味、酸味、味を識別する舌の各部分に充分ワインをとどかせようとする。頬と顎と舌、ピエールの顔の下半分の筋肉がおかしいほど活発に動いた。舌はワインをこね、すりつぶし、顎と歯はワインを噛み、その間にも、口笛を吹くようにすぼめた口から外の空気をくりかえし送りこんで、中のワインと混ぜ合わせる。やっぱりうまく真似られない。口を閉じてうがいがはじまったのかとびっくりしたとき、ピエールはワインを飲み下した。食べたのだ。あとにしばらく沈黙がつづいた。

　遠くのほうをみている目。彼が待っているのは残り香だった。のどの奥か鼻の裏側か、テーブルの全員がいくぶん顎を突き出した感じで味わっている。いましがた、じかに鼻で嗅いだ匂いが、もう一度、呼び戻されてかえってくる。薔薇。枯れ葉。小石。土……。くりかえされる主旋律のようだ。細く、長く、変化しながら消えていった。マルゴーは忘れがたい印象をはっきり留めた。香りにはじまり香りに終わる。ビロードを纏った美しい貴婦人だった。

「この64年のシャトー・マルゴーは、まずまろやかで優雅です。充分こくがありますが、重くはなく軽やかです。タンニンの苦味《しぶみ》も、舌を刺すような刺戟ではなく滋味と感じられます。酸味もあるにはありますが酸っぱいとは感じられません。さすがに歳月が、すべてを丸くしています。ひとことでいえばバランスのとれたエレガントなワインだと思います。

われわれは赤ワインを評価するとき、大まかにいって次の三点を点検します。①タンニンの質と含有度、②酸度、③丸み、です。この三要素について個別に評点を与えて、最後にその評点を三本の基軸線の上において結び合わせます。この三点を結んでできた三角形が小さければ小さいほど、中心に近ければ近いほど、〝均衡がとれている〟といえます。ごらんなさい。このマルゴーは中心点のそばで三角形を結んでいます」

食事はなごやかに進んだ。男たちはマルゴーに夢中だ。ピエールは忙しそうだ。九時をまわっている。メートル・ドテルもソムリエも、メインの料理が出てしまうまでの、ここ三十分がいちばん気の張るときだ。私のところにもリ・ドゥ・ヴォがきた。マルゴーが開いてゆく。メインの料理あたりからのお酒が、私はなぜか好きだ。栓を抜いたときが開きはじめとすると、二分咲き、五分咲き、七分、八分、九分、満開。デザートへきて、グラスに残ったところを一気に飲み干す。こぼれ落ちそうに咲き誇った牡丹。陶然としてマルゴーはもう残り香だけになっている。男たちは議論が好きだ。エッドがピエールを捕えてきいている。

「ムッシュ・ピエール。今夜あなたはなぜシャトー・マルゴーを選んだのですか。ブルゴーニュ地方には、ロマネ・コンティを筆頭にヴォーヌ・ロマネ、ジュヴレ・シャンベルタン、ニュイ・サン・ジョルジュ等の逸品があります。ボルドー地方では、サンテミリオン地域にオーゾンヌ、シュヴァル・ブラン。ポムロール地域にペトリュス。メドック地区に有名なシャトー・ラフィット、ラトゥール等。質問は簡単です。第一に、なぜシャトー・マルゴーか。第二に、なぜ64年か」

「ムッシュ。まず実際的な理由から申し上げると、たまたまうちにシャトー・マルゴー・64年が二本ありました。もちろん、ロマネ・コンティやオーゾンヌの名声はご存知の通りです。ですが、いまではあまりに高すぎます。私どもの仕事はお客様に喜んでいただかねばなりません。当然値段が考慮に入ります。召し上がっているときは幸福でも、さてお勘定の段になって不愉快というのでは、いかがなものでしょうか。

それでは、なぜシャトー・マルゴーか。マルゴーは高級ワインの中でも、すぐれて女性的で繊細で優雅なワインです。お嬢さまの十九歳のお祝いをなさるというお電話だったので、お嬢さまの長い黒髪からマルゴーを連想したのです。第二になぜ64年か。64年は61年、70年、66年についでワインの当たり年です。75年、79年もすばらしい年ですが、まだ飲むには早すぎます。ご存じのようにワインには飲み頃があります。そのピークをこえるとワインは下降線をたどります。先ほどのマルゴーは残り香がつづきました。残り香は、いいワインだけのものですが、ワインがまだ充分に力をもっている証拠です。残り香がぷつんと切れてしまうようなら、ワインは衰えはじめているとみてよいのです。そんなときはわれわれも飲み急ぎます。果物なら熟れきったときということですが、この飲み頃というのはなかなか曲者です。長く寝かせればよいかというとそうばかりもいえないのです。シャトー・マルゴーでは並みの出来の年に産出されたものは五年から十年、飛び抜けてよい年のものは十五年から二十年が相場です。61年のマルゴーはすでに二十二年たっていますが、ようやく開きかけてきた感じで来年くらいが飲み頃でしょう。64年のマルゴーは、いま最高だと私は思いました。実は今夜のマルゴーは、店の主人が大切にしてきたもので、そんなご趣旨ならと主人とも相談してお出ししたものです」

ピエールは一息入れた。そして、ちょっと声を低めた。

「私自身の個人的な好みをいわせていただければ、シャトー・マルゴーとシャトー・ラトゥールがフランスワインの最高だと思います。マルゴーが女性的で優雅繊細なのに対し、ラトゥールは男性的です」

「そうすると、十九歳のマルゴーは美しい娘ということになりますか」

「いいえ、もう立派な、大人の婦人です。マルゴーが公爵夫人《グランド・ダム》。ラトゥールは公爵《セニョール》……」

ピエールは私のほうを向いて微笑しながら付け加えた。

「ほうとうは、もう一つ理由がありました。マダムもマドモアゼルもお二人とも、リ・ドゥ・ヴォやロニヨンを好んで召し上がります。食事を一幅の絵とすれば、ワインはその額縁にあたります。いくらワインがよくても料理にあわなければ、どちらも死にます。レストランの主役は料理です。その料理を引き立てテーブルを華やかにするのがワインです。私は今夜も、お二人のどちらかがリ・ドゥ・ヴォかロニヨンを召し上がるだろうと思いました。シャトー・マルゴーはリ・ドゥ・ヴォの料理にぴったりの額縁です」

ピエールの心配りがありがたかった。今夜のマルゴーは大人になってゆく娘への、なによりの贈りものだった。私は心から礼をいった。ピエールは満足そうに一礼して静かにテーブルを離れた。

（84年1月）

ムスカデと九人の男たち

人いきれのする画廊を出る。ひどくのどが渇いた。どこかで軽く一杯やろうと歩きかけて、ふとムスカデの香りを思い出した。モンパルナスの魚料理店「ル・デュック」へきた。カウンターにおさまるとハウスワインのムスカデと「鱸《すずき》の薄作り」「サンジャック風鱸」を注文した。

冷えひえのムスカデは運ばれてきた。

刺身がきて、酒と肴が揃った。

ワインが注がれる。

ムスカデは、緑のワインといわれる。

また真珠のワインともいう。

記憶にあったより若い緑だ。

気泡が一つ、グラスの底から上ってきた。これを真珠とみるのだろうか。

不思議なワインだ。

ムスカデは、どこのレストランにもおいてある中級の白ワインだが、ここのムスカデは特殊らしい。

名酒ではないが、この料理にぴったりだ。きりっと締まった口当たりのあと、爽快な香りが口中を洗い、魚の脂もハーブや香辛料の匂いも拭い去ってゆく。ここの主人の好みなのだろうが、どうやってこのムスカデをみつけたのか。

このワインは若い。ドライだ。果物のエッセンスそのものだ。酸味が少なくアルコール度も決して高くはない。いいムスカデのもつ資質を全部備えている。そのうえ、ひどく細身の、〝狭い〟ワインだ。肉には合わない。鶏にも無理だ。魚でも、鯛、平目、縞鯵、針魚《さより》、鰯、烏賊《いか》、生牡蠣《がき》と並べてみたが、このムスカデが選ぶのは、たしかに、鱸だ。そして許すのは、平目と若い〆鯖と生牡蠣あたりだろうか。

はじめてデュックでこのワインを飲んだとき、おかしな経験をした。

ムスカデはロワール河下流のワインだと頭にあった。グラスにワインが注がれ、それを眺めながら、なるほど、あの土地らしい明るくやわらかい色をしていると思った。ブルゴーニュの白ワインのようなみるからに熟した黄金色ではなかった。私は、ドライで、横に広がるよりは、縦にすーっと通ってゆく〝細い〟口当たりを期待した。友人がいった言葉も手伝っていたかもしれない。「ボルドーの赤の中でもメドックはビロード。サンテミリオンは絹。白でもシャブリはコットン。コットンにも糸の太い細いがある。ムスカデは、さしあたりテトロンだね。モダンで軽くって爽やかだ」

で、口に含んだ瞬間は期待通りだった。ところが、のどを通るときに、ぐいと、〝意地悪な味〟にひっかけられた。その意地悪な味というのは、子供の頃、ブドウを食べたときの記憶なのだ。それも四つか五つの頃の、いままで一度も思い出したことのない、記憶しているなんて自分でも知らなかった記憶──。

ブドウを食べる。房から一粒とって口に含む。皮は唇の外に残す。はだかになった実が舌にのる。上顎でその実を押えてジュースを出す。口の中に甘いジュースがひろがり、温まり、私はブドウを食べていると感じて仕合わせな気持になる。これが私にとってのブドウだ。そのあと、カスになった実を呑みこんでしまえば問題はないのだが、そうするとタネをいっしょに呑むことになる。

ブドウのタネを呑むと疫痢になるといって育てられた。タネは出さなければいけないものと、子供心に信じきっている。

カスになった実を舌であやつって、芯にあるタネを取り出そうとする。実の中に割って入るわけだが、そのとき、なにか強い味がする。その味がイヤで仕方がない。せっかくおいしかったブドウが台無しだ。ブドウとしては、わざわざ奥のほうに隠しておいてくれたのではないか。それなのに、どうしてここで出会わなきゃならないのか——これが私の〝意地悪なブドウのタネ〟の記憶である。

その〝タネ〟があったのだ。その夜のデュックのムスカデは、ただ気持よく、すっと通ってはゆかなかった。最後に、くっと頭をもちあげて、なにかが立ちはだかった。丸み、こく、重厚さといったものとは関係がない。青み、苦味、固さ、いや、やっぱりタネだ。あるいは、若いワインの小気味のいい捨てぜりふだったのだろうか。

デュックのムスカデについて、その後、聞きかじったことを話そう。

まずこのワインは、デュックのエクスクルーシヴである。つまり、この店でしか飲めない。店主が、自分の店のために料理にあわせて選んだ、厳密な意味でのハウスワインである。その店主は、おそらく山ではなく、潮風にさらされて海に育った海の男だ。魚を知っている。生魚の匂いと味、その長所も短所も熟知したうえで合わせた一樽、五千本。醸造元で毎年一樽買い切って、そこで瓶に詰めた稀少なワインである。

ではその一樽のワインは、いかにしてつくられ、いかにして選ばれたのか。

ワインの素性を知りたいときは、まず瓶のラベルを読めという。ラベルはワインの戸籍という。だが私が読むと、ミステリーだ。ますますわからなくなる。キー・ワードをひろい集めたりしはじめるうち、現場検証に出かけたくなる。

そのラベル。

黒字に金文字の一風変ったラベルだ。

ワイン名は「セーブルとメーヌのムスカデ」とある。〝セーブルとメーヌ〟は、ムスカデの七十五パーセントを産する地域の名で、良質のムスカデはそこでできる。

ミレジムは1982年、去年のワインだ。若い。だがこの点には特に問題はない。ムスカデは、軽い、若い、余分なものがない、モダンなワインというのが一般にもたれているイメージだ。一年から三年で飲み切る。白ワインの中でも寿命は短い。

「ルイ・メテロと八人のアート・ワイン・メーカー」、これは製造業者の名前らしい。名前も変わっているが、但し書がついている。「このムスカデは、〝澱《おり》の上で〟(sur lie)という、昔からナント地方に伝わる特殊な製法でつくった。沈殿物や泡がある場合は、特殊な製法の結果だ。よく冷やして飲む」と。

私がラベルから読んだのは、ざっと以上のようなこと。そこへ、自分が飲んだ実感を加える。

若い緑。真珠の気泡。そして〝タネ〟。それからもう一つ、これはかねてからの疑問なのだが、果実として食べるムスカデブドウは、濃い紺紫色で非常に甘い。同じブドウから作られるのなら、このワインは、なぜドライで、なぜ〝白〟なのか。


赤ワインと白ワインのちがいについて、友人のソムリエにたずねた。

彼は次のように説明してくれた。

ブドウの種類とワインの色は直接関係がない。ワインの色を決めるのは、醸造の方法と発酵である。

ワインの色は〝赤〟と〝白〟だけではない。〝ロゼ〟や〝黄色《ジョーンヌ》〟や〝グレー《グリ》〟といったワインもある。

ブドウは赤いのに、ワインはなぜ白か。

そのいい例はシャンパンだ。

シャンパンをつくるブドウは、主としてピノ・ノワールという、みたところは黒い、赤ブドウだ。だが結果のシャンパンは無色透明の、輝く〝白〟だ。

ワイン作りの工程は、ブドウを摘んだあと、皮をつけたまま潰す。搾る。ジュースをとる。発酵させる。

白ワインの場合は、まず、一度に大量の実を潰さない。搾るときも圧力を強くかけない。そっと押して、そっと搾り、そして実のジュースだけをとる。皮は潰されず搾られず、ジュースは赤くならない。そのジュースを貯めて、澱を沈殿させ、その上澄みをとって、発酵させる。これが白だ。

赤ワインの場合は、まず赤いブドウを使う。強く圧力をかけて潰す。皮も潰す。そして、皮、タネ、実、すべてが混在のまま発酵させる。発酵の日数は、ブドウの種類や、その年の天候、ブドウの出来ぐあいや、つくられるワインのタイプによってちがう。そして搾る。このとき搾られたワインを〝はしり《プリミュール》〟と呼ぶ。毎年十一月中頃に出るボジョレ・ヌーヴォは、この一回発酵の〝はしりワイン〟である。はしりワインに場合によっては砂糖を加えて、寝かせ、二回目の発酵をさせる。これを樽や瓶に詰めたのが赤ワインだ。それからまた何年も寝かせて、熟成させるワインもたくさんある。

つぎにムスカデについてきいた。

ムスカデはブドウの品種名である。その点産地名を総称にしているボルドーやブルゴーニュとちがう。ブドウの名前をそのままワインに使った珍しい例だ。

この品種は〝ブルゴーニュのメロン〟とも呼ぶ。もとはといえばブルゴーニュ地方から移植されたブドウだ。実は青い。これにはいささかの話がある。一七〇九年にロワール河下流一帯は寒波に襲われた。大西洋も凍るという大寒波だった。そのときまでのブドウは全滅に近い打撃をうけた。その後、この品種が選ばれ、流域の小石だらけの斜面に植えられた。

ムスカデは長いあいだ地酒の域を出なかった。その後少しずつ、テーブルワインとしてレストランに出るようになり、いまのようにポピュラーになったのは戦後のこと。赤のボジョレと並ぶ、白の代表である。

さて、デュックの「五千本」にもどろう。ルイ・メテロ氏と「澱《おり》の上で」という製法についても。ムスカデにもピンからキリまである。その最高のメーカーの一軒が、「ルイ・メテロと八人のアート・ワイン・メーカー」で、どうも一風変ったワイン・メーカーらしい。

メテロ氏によると、彼とその八人の仲間は、一つのワインが万人を満足させることはできない、ワインづくりはアートだ、理想は自分たちのムスカデを作ればよいと信じている。その理想に従って、ブドウの栽培も他人に任せず、栽培から瓶詰めまで、すべて自分たちの手で行なう。

もともとムスカデというワインは、北側の斜面でとれるブドウを良しとする。日照量の少ない年を良しとする。暑い夏だと九月を待たずにブドウを摘むこともある。太陽は甘さをつくる。ブドウの糖分がアルコール度を高める。アルコール度の高さが良質のワインをつくる条件ではないと考えるわけだ。青い実を選んでゆっくり発酵させる。十一月頃濾過して瓶に詰める。空気の接触を少なくするために、つまり香りや味を変えないために、樽はステンレス製を使い、木製は使わない。その間ブドウは発酵して、その糖分がアルコールと炭酸ガスに分解し、ブドウのジュースはワインになる。

ところがこの「澱の上で」のムスカデは、澱といっしょに冷たい醸造倉に寝かせて、越冬させる。春がくる。気温の上昇とともに底にたまった沈殿物が上がってくる。その寸前のタイミングをつかまえて上澄みを瓶に詰める。冬の醸造倉の温度は五度だ。発酵のときできた炭酸ガスがワインの中にそのままで保存されるのを許す。その炭酸ガスは、ワインといっしょに瓶に詰められる。これが、最初に私がグラスにみた〝一粒の真珠〟の正体だったのだ。

メテロ氏は、デュックの一樽を選びだすまでに、四回試飲する。試飲は、十一月、十二月、二月、五月。毎回選びわけて、これぞと思う一樽は「長年知っているデュックの魚料理、とくに刺身に対して武装したワイン」であるとメテロ氏はいう。「澱の上で」のその一樽は、濾過してもいない、なに一つ添加していない、動かさずに寒さの中でただただじっと半年寝かせた、青く若くブドウの純粋ジュースの、その上澄みだ。

昔は、こうしてつくった一樽を手元に残し「婚礼の樽」と呼んだ。家族のお祝いごとの、取っておきの酒だったという。メテロ氏は熱のこもった声でいっていた。いつでもワイン作りをみにきてくれ、もっともっとムスカデの質を向上させたいと。

あえて数字にすると、メテロ氏とその八人がつくるムスカデは年間五十万本。もひとつひろげて、ムスカデの名で作られるワインが五千万本。デュックの五千本は、その中から選び抜かれた〝個性の強い、すぐれた変わり者ワイン〟といえないだろうか。

ワインがおいしかった。刺身もうまかった。魚料理も気持よくできていた。チーズ、デザートまでくると、この店にはいよいよ迷いがない。チーズは、最高のロックフォールが一種だけ、男性好みの強いブルーである。そしてデザートには青レモンのシャーベットを食べた。雪のように白いシャーベットの清冽な酸味は今夜の一口目のムスカデの香りを、もう一度思い起こさせた。あのキリっと若い香り。残り香でも余韻でもない。鮮明な記憶だ。たくさんのワインの中で再会しても決して見誤ることはないだろう。

デュックで食事をして四年あまりたった。

一九八八年十月十六日、私はルイ・メテロ氏とその八人の仲間を訪ねることになる。88年産のムスカデを試飲する、今日はその四回目の最後の大切な試飲だという。

モンパルナス駅から汽車で西へ向かう。

汽車はロワールの流れにそってフランスの庭といわれるロワール平野を走る。光と陰がやわらかい。ブロワ城やシュノンソー城などが点在する。ロワールはリヨンの南の丘に源を発し大西洋はビスク湾に注ぐ千キロの長流である。昔はその流域では、どの村でもワインを作っていたという。三時間あまりひた走ると河口のナントに着く。ムスカデはナントのワインだ。また海洋のワインともいわれる。ムスカデはロワールワインの中でいちばんの辛口である。

約束の午前十時に会場を訪ねる。まずその一風変わった試飲風景におどろいた。

農協のよりあいというのか、ふだんはトラクターでもおいてあるらしい倉庫に小学校で使うような机が、四角い〝車座〟を作って並んでいる。机のまわりに少し距離をとりながら十人の男たちが坐っている。中央上座にいるのがもちろんルイ・メテロ氏だ。六十六歳。彼は蝶ネクタイにツイードのチェックの上下を着て、ふちの太い鼈甲の眼鏡をかけている。胸にポケットチーフこそないが、こんな町の紳士みたいな服装は彼ひとりだ。あとの男たちは全員ワイン作りの農夫だ。メテロ氏が順々に紹介する。赤く陽灼けした顔がちょっと照れながらほころぶ。

ドゥニ二十二歳。ジャン五十歳。ジャンピエール三十六歳。ジャンルイ三十二歳。ジャン三十二歳。ルイ六十三歳。ジュリアン六十六歳。レオン四十六歳。ジャンフランソワ二十八歳。

この各人の前にはボールペンと小さな採点投票用紙とワイングラスがおかれている。

また机の上には十一本のワインの瓶が並ぶ。瓶はすっぽりと新聞紙につつまれていて、その新聞紙に一から十一までのナンバーがふってある。瓶の中身はまったくわからない。つまり十一本はワイン1から11、九人の各人が作った九種のワインと共有の畑から作った二本のワインである。さて、これからその十一本が試飲され、採点され、その得点結果は総合されて順位が決まる。「ルイ・メテロと八人のアート・ワイン・メーカー」のラベルがはられるかどうかの、真剣な〝人気投票〟がいまはじまるところなのだ。

メテロ氏によると「メテロと八人の仲間」は、競争、相互啓蒙、責任をモットーに結びついている。

そして全員が、すべてのムスカデが同じである必要はない、自分たちのムスカデを作ればよいと考える。彼らが求めるのはエレガントなムスカデである。ムスカデはアペリティフとして食前に、また食事のはじめに飲まれるワインである。香りが強すぎてはいけない。アルコール度が高い必要もない。従って太陽は求めない。醸造過程では極力酸化をさけて、ワインの若さ、さわやかさ《フレッシャー》を積極的に出す。84年は天候がわるくボルドーでは絶望的といわれたが、その年、ムスカデ地方では絹レースのように繊細でエレガントなワインができた。ボルドーの小ミレジムはムスカデの大ワイン年だ。彼らのワインの理想はエレガンスだ。このエレガンスこそは、メテロのムスカデがインターナショナルになるためのカギであったし、将来もそうである。

競争、啓蒙、責任についてメテロ氏は説明する。

「われわれは、いわゆる共同組合《コーペラティヴ》ではない。むしろその精神には反対だ。共同組合は組合員のブドウを集め、それを一括して醸造する。これでは栽培者はただフルーツを栽培しただけだ。自分の栽培したものを完了していない。収穫のあと、ブドウ栽培者はマジシアンにかわるのだ。彼は彼のブドウをワインにかえることで、彼のブドウに新しい生命を与える。われわれは各人がブドウを育て、自分のワインを作り、自分の家で瓶に詰める。誰が作ったかわからないワインではない。アイデンティティははっきりしている。

われわれグループのワイン作りはスポーツである。すなわち競争。いいワインを作って競争に勝つことだ。この競争がグループを刺戟する。そのためには啓蒙、切磋琢磨が必要だ。競争となれば、ふつうはいいことは隠す。フランス人は個人主義だ。いいことがあっても人には教えない。われわれは情報をオープンに交換しあう。

同時に責任。対外的にはすべてのワインはメテロのイメージで売るが、コルクの栓には生産者のイニシャルがスタンプしてある。LGとかJMとか。このイニシャルはそのワインを作った人間の責任と誇りだ。ワインのアイデンティティだ。各人はこのイニシャルによって自分のワインがお客さんのテーブルで栓を抜かれるときまでの責任をもつ。

そして全員がベスト・ムスカデをめざしてあらゆる努力を払う。いままではメテロのムスカデはふつうの二倍の値段で売られるようになった。量にすると全員が生産するムスカデの半分。そして六十五パーセントは輸出だ。パリでは高級レストランにしかおいていない。今日の試飲は『メテロ』のラベルをつけるワインを全員が参加して選ぶ。メンバーはこの集団採決を受け入れる。われわれの最高の成果だけをメテロのラベルで売るのだ」

エレガンスをめざすワイン作りにもメテロ方式があるようだ。メテロ氏がつづける。

「今年は九月八日に収穫をはじめた。収穫開始はフランス中でいちばん早い。ほんとうは、もう一、二日早く摘みたいが、収穫開始日はAOCの規則があるのでそれはできない。メテロ方式は太陽を避ける。ムスカデブドウの葉は大きく、葉のふちにはギザギザが少なく、木の背丈は高くないが枝があちこちにのびている。ブドウの葉はパラソルで、実を太陽から守る。このパラソルの下でブドウの実はやわらかく熟す。アルコール度は十一度を目指す。一リットル中の酸味が六グラム。糖分〇・五～〇・八グラム。ふつうは白でも一リットル中、三グラムくらいの糖分が残っている。メテロのはドライな白が目標だから、この残留量はよろしい。

醸造の過程でも、ワインの若さ《フレッシャー》を取り出すために徹底的に空気にあてない。酸化をさけるのだ。まず醸造タンクは高いところにある。底に厚さ十センチくらいの澱がたまる。底から十センチの上あたりに栓があって、チューブを通ってワインはタンクから直接、瓶に流れおち、瓶に詰まる。ふつうはワインを澄ませるためにフィルターで漉すが、それもやらない。また、〝澱の上〟については、まず発酵の温度は自然にまかせると二十八度〜三十度にあがる。温度が高いと酵母が疲れる。これは香り《アローム》を失うことにつながる。温度は十八度〜二十度に冷やし、あとは五度まで自然にさがる。冬のカーヴの自然の温度と自然の引力でワインは自然に上下に対流する。澱に含まれているものは全部取り出される。つまり香りを取り出すために澱をおく、ワインは澱からすべてを吸収。澱は、いわばワインに栄養を与えつつ、ワイン中から酵素を摂って衰微しながらも生きつづける。

昔からムスカデ地方では栽培者はつくったワインを卸商《ネゴシアン》に売った。卸は、買い上げたワインを混ぜあわせて市場が好むムスカデをつくった。それはパリジャンでもドイツ人でもオランダ人でも、すべての人を満足させる標準的ムスカデだ。メテロのは、ちがう。自分たちのムスカデは、これまでの一般的イメージに合わせようとしない。われわれはアルコール度が高いことがいいワインの条件とは考えない。少し野性味はもたせたいが、それはアルコール度の高さからくるべきものではない。そしてわれわれはムスカデにエレガンスを求めた。エレガンスを探しつづけてインターナショナルになった」

一人一人では無力だったとメテロ氏はいう。

ルイ・メテロは父親を早く亡くした。学校は十四歳の義務教育で終了。父の遺産は兄弟三人で分けた。二ヘクタールだった。家族を養ってゆくには少なくとも七ヘクタールの畑は必要だ。商売のやり方も知らなかった。だがアヴァンチュールの精神はだれにも負けないくらいもっていた。第二次大戦後、船でアフリカへ渡った。自作のムスカデの販路を探し求めた。三カ月に一度の目的地はカサブランカ。そこでは人々はアペリティフにワインを飲む。彼のワインにとっては遠すぎない新しいマーケットだ。ワインの伝統がないから自由だ。メテロ氏のアフリカ通いは十年間つづいた。アフリカに通いつづけた。

一九五七年にメテロ氏は、「われわれ、みんな、ムスカデの村に生まれたブドウ畑の子供たちだ。いいワインをつくろうじゃないか」と、おなじ願いを分かちあえる友人二人といっしょに仲間を作った。仲間はふえた。隠退するとその息子たちがあとにつづく。いまでは彼らは七十ヘクタールの畑をもっている。その中の二十三ヘクタールは一等地を共同購入した。できたワインは背広に蝶ネクタイのメテロ氏が世界中に精力的にセールスして歩く。

メテロのムスカデはキャフェのカウンターで一杯ひっかける〝カウンターワイン〟ではもはやないのだ。デュックとの出会いもあった。トゥール・ダルジャンのワインリストにも入った。高級レストランで飲まれるエレガントな白ワインだ。メテロとその仲間たちのあいだには三十年余の歳月が流れている。

投票は終わったようだ。このあと仲間はそれぞれ夫人をともなってレストランへゆく。投票結果はこの親睦の昼食の後のおたのしみだという。ただ、メテロ氏一人がまだ机をはなれない。むずかしい、むずかしい、いちばんエレガントなのを見つけなきゃあ。最後までグラスをまわしながら、やっぱり座長で役者である。セールスマン、アイディアマン、オーガナイザー、蝶ネクタイに鼈甲眼鏡のムスカデの機関車《ボス》は顔を真赤にして叫んでいた。

（85年2月）

ペトリュスへの旅

1

一九八〇年五月、私は一人の青年に会った。名前をロベール・ヴィフィアンという。彼はベトナム人で、職業は料理人。彼の新しいベトナム料理と、特にワインのコレクションは有名で、フランス料理界にはすでに名を知られはじめた存在だった。

私が彼の名前を知ったのは、実は偶然である。その年の二月、なにげなく読んでいた雑誌の片隅にレストラン・ガイドがあった。その見出しが目にとまった。

「ベトナム料理がフランスワインとの幸福な結婚に成功」

たしかにこの二つの組み合わせは新鮮だった。フランスワインをアジアの料理と積極的に結びつけてみる方法は、そのときまでの私の頭にはなかった。その記事によるとロベールは〝幻の銘酒ペトリュスの発見者〟としても紹介されていた。

それからまもなく、またまた、私はロベールの名をきく。アンリ・ゴ氏からだ。彼はご存じ『ゴ・ミヨ』ガイドで知られるフランスの代表的な食味評論家だ。「ヌーヴェル・キュイジーヌ」という言葉の発明者としても知られている。ゴ氏は、最近どこのレストランの、どんな料理がうまいかというような話をしたあと、ふと調子をかえて、レストラン「タン・ディン」を知っているかとたずねた。それは私が雑誌で読んだばかりの、そしてロベールがシェフを務めるヴィフィアン一家のレストランなのだが、そのときゴ氏はこういった。タン・ディンのカーヴは大変なものだ。若いベトナム人が集めたものだ。集まっているワインの質においてトゥール・ダルジャンやタイユヴァンを凌ぐかもしれない、と。

鴨の料亭としてあまりにも有名なトゥール・ダルジャンのことはあらためて説明の要はあるまい。タイユヴァンについては、現在客層はパリ一の評判をもつ、パリ最高のレストランの一つだ。とくに昼食時のタイユヴァンは、お隣のパリ商工会議所の〝給食室〟だ。食後の葉巻のよく似合う落ちついた雰囲気は、ビジネス・ランチの場所としても最高だろう。加えてワインリストがある。目白押しの銘柄ワインが大勉強値段でリストされている。人をもてなすフレンチ・ジェントルマンにとって、名酒の質と値段《カリテ・プリ》つまり合理的お値段は価値だろう。

ロベールの名を偶然に三度きく必要はなかった。私は早速タン・ディンへ出向いた。初対面の一食にそなえて『ゴ・ミヨ』ガイドがすすめる料理を四品メモした。

牡蠣とアスパラガス入りの揚げ春巻き。

燻製の鵞鳥と米粉の蒸しラビオリ。

海老入りのベトナム風手打ち麺。

蛙のスープ。

ペトリュスのことは『ボルドー銘柄ワイン辞典』に目を通したが、書かれていることのほとんどが、私には猫に小判の、実感のともなわない情報だった。

私は八時すぎに、パリのレストランの夕食がはじまる時間に、旧オルセイ駅劇場そばにあるタン・ディンにつき、壁に珊瑚色の絹地をはったサロンの、真っ白いテーブルクロスのかかったテーブルに坐った。天井からシャンデリアの落ちついた明かりがあった。そのシャンデリアは、もちろんトゥール・ダルジャンやタイユヴァン級の超豪華品ではなかったが、それゆえに人を必要以上に緊張させることもなかった。私はくつろいで坐り、テーブルクロスに織りこまれているTAN DIHN《タンディン》の店名がうきぼりになっているのを眺めた。シルバーのナイフとフォークが用意してあったが、私はそえて出された長い塗りの箸を使った。

注文をききにきたのも、さっきテーブルに案内したのも、あとで兄さんだと知る、眼鏡をかけたフレディだった。私は『ゴ・ミヨ』をみてきたことを伝え、はじめてなのでおすすめの料理があればなにか、むしろあなたの好きな料理を食べてみたい、といった。そして『ゴ・ミヨ』推薦の三品と彼が選んだベトナム風のカニサラダと牛肉料理の二品で食事をすすめた。料理は、ヌーヴェル・キュイジーヌ・ベトナム風とでもいうのか――ほんもののベトナム料理がどんなものかは知らないが、私がパリで食べたことのある、旧フランス植民地の人々が営むレストランのものとはちがっていた。特にこの店の料理人がパリのフランス料理が現在ある状態――いわゆるヌーヴェル・キュイジーヌ全盛時代の流れを熟知していることが、その料理から私にもわかった。

肝心のワインもフレディ、いいかえるならメートル・ドテルでソムリエである彼に選んでもらった。

特に希望するワインがあればともかく、さもなければ、ワインはソムリエに任せる、という私の日頃のルールをここでも守ることにした。彼が示したメニューには、料理とデザートのあとに一本五十フラン前後のワインの名が十二、三並んでいるだけでペトリュスの名はなかったからだ。

私は、ボルドーの——その名はもう忘れてしまったが、さらっと軽い赤ワインといっしょにゆっくりと五品の料理を味わい、デザートにソルベ・ココ（椰子の実のミルクで作ったシャーベット）を食べ、最後にエスプレッソを飲んだ。そして自分の席からちょうど正面にかかっている水墨画風の絵を眺めた。

単彩のその絵には、わざわざ照明があててある。ヴィエト・オーと読めるサインがある。ベトナム人の画家の名だろうか。二隻のジャンクが河に浮かんでいる。柳の枝がたれている。春風駘蕩。河も流れているとはみえない。よくよくみれば人影らしいものもある。水上生活者だろう。だが人もジャンクも、すっかり河の風景になりきっているので、そこには時間の経過といったものすらないようにみえる。あの河はメコンかな、と思った。ちょうどそのとき料理場のほうからロベールとおもわれる青年が姿をみせた。

レストランはほどほどの入りで、どのテーブルでもデザートが終わりかけていた。料理場でも仕事の終わる時間だ。ロベールはジーンズにバスケットシューズで、衿のボタンをはずしたワイシャツをきていた。料理人の服装ではなかった。白いコック服を着込むことで何かを感じる、といったタイプでないことが、ひと目でわかった。彼は私のテーブルにくると、ボンソワール、マダムと、ちょっとはにかんだベトナム人の微笑で握手の手をのばした。兄のフレディが、なんだかんだと料理のことをききたがる日本人の客がきている、とでもいったのかもしれない。私は椅子をすすめた。話しはじめると、さっぱりした好青年だ。やんちゃ坊主《アドレッサンス》が抜けきっていない。率直な態度と、言葉の正確なところが何より気持がよい。事実、自分の考え、解釈、第三者の論評、批評をきちんと区別する。答えられない場合は、まだ答えがでていないか、自分が知らないかを、はっきりさせる。ニュースソースを明らかにする。他人の発言を自分の発明のようにみせかけない。そんな些細なマヤカシが、なんのプラスも生まないことを知っているリアリスト。よく耕された頭の持ち主だ。それでいて、湿ったナマの土に触れているような、やわらかい感情ももっている。よい家庭環境に育まれたものか。あの、さっきから眺めている壁の絵にただようやわらかさと同質のもの。自然と人間を対立させず、自分自身をも風景の一部に溶かしこんでしまう東洋人特有の感性。

「あなたの身長は、何センチありますか」と私がきく。「一メーター七十五です」と答える。なぜ聞くのかは、聞かない。やはりそうか、睨んだ通りだ。さっきからの爽やかな会話が、彼を実際よりすらりと高くみせているのではないかと思っていた。これならフランス人にも受け入れられる。こういう人は心身に贅肉のつく暇のない戦士の一生を好むのではないか。「ゴ氏に、あなたのワインのことをきいたのだけれど」と私はいった。彼はつと立ち上がって、カウンターのところへいった。そして一冊のノートのようなものを持って戻ってきた。ビニール表紙のバインダーで綴じてあった。それが彼のワインリストだった。

きちんとタイプで打ってある。ぱらぱらと繰っただけでも体系だって整理されていることがわかる彼のリストを示しながら、ロベールはこう説明した。

彼は、彼のカーヴに約六百種類のフランスの銘柄ワインを集めている。そのうち百六十種がポムロールで、ペトリュスは、ボルドー地方ポムロール地区産ワインの最高峰だ。自分にとってフランスの三大ワインは、ペトリュスとラトゥールとマルゴーだ。たとえばナンバー1とナンバー2のワインのちがいは、素人には実際には味わいわけられまい。それほど僅少だ。しかし、この一味の差が意味をもつこともある。

数学者にとって、近似値が〇・〇〇一か〇・〇〇〇一であるかは絶対的なちがいであるように、または、コンピューターの計算能力が一ケタ上がれば機械の値段が上がるのと同じ関係だ。レストランでのワインの値段は、第一の境界線が五十フラン、第二が百五十フラン。三百フランを越えると値段はもう関係がない。コレクションワインといっていい。飲むのは、億万長者とプロだ。

「億万長者というと？」私はきいた。

「アラブ人」

「プロとは？」

「ワイン卸商《ネゴシアン》。利き酒の専門家《デギュスタトゥール》。レストラン業者《レストラトゥール》」

タン・ディンをでたのは十二時すぎだった。パリのレストランでは初対面の客と店の人が、今夜の私たちのように話しこむのはまれだ。アジア人のよしみが話をはずませたのだろうか。いま思い出しても、そうでないような気がする。私は、探しながらきたときより、いっそうひっそりした一方通行のヴェルヌイユ通りをサンジェルマン・デプレのほうへ歩いた。にぎやかなほうへ歩きながら、あのロベールという青年を、時間をかけて、ゆっくりと知ってみようと思いはじめていた。

　彼には、いろいろな要素がみえた。ベトナム。元フランス植民地。パリ。料理。ワイン。両親を中心にしっかり結びついた温かそうな家庭環境。アジア人の男性特有のやわらかい感情。ビートルズ世代の若者。率直さ。ひらかれた心。尖りはじめたら、どこまでも尖ってゆく好奇心……。彼の中でからまったそうした要素は、知りたての私の中で、いま、もつれた糸のようだ。あせらず、解きほどいてみよう。待つことはたのしい。特に今夜はワインの話をした。彼の「七年と二百冊」のペトリュスへの道に興味がある。「ワインに関する二百冊の本と七年の経験があれば、だれでも僕のようなワイン通になれる」と彼はいい切った。それが新しかった。さわやかだった。いままで耳にしたワインの話とはちがって新鮮だった。そのモダンさが魅力だった。彼のたどった道は、私とおなじ、一人のアジアの外国人がフランスワインを学習、理解していった過程ではないのか。

そのときの私に、三十二歳のロベールがやりとげたことが、はっきりつかめていたとは思えないが、彼がフランスの日常であり、農業であり、同時に伝統工芸でもある〝ワイン作りとその作品〟に知的に挑戦した外国人、見方をかえれば、〝ワインの国に生まれていない〟外国人であったからこそ、ロベールは〝常にそこにあるワイン〟を客観的にみることができた。その結果彼は〝世界一完璧なワインリスト〟というトロフィーを得た。ひたすら経験で押しすすんできた、したたかなフランスの大人たち、どっぷりと伝統のワインに浸った人たちも、若いロベールのトロフィーの前にはシャポーをぬがざるをえなかった――と受け取っても、まちがっていないような気がした。

「大学の教育は、あなたのワインの道にプラスしたか」と私はたずねた。彼はパリの大学で英文学を専攻し、卒業論文に「イギリスの食物と飲み物」というテーマを選んだと話してくれたばかりだったからだ。

「ウイ」と彼は答えた。

「論文を書くことは総合と分析の繰り返しです。総合・分析を繰り返して論理を作りあげる。大学ではその二つの訓練を受けていたようなものです。僕はそれをワインに当てはめただけです。

ワインは語学とおなじでしょう。大人になってから学ぶ外国語は体験だけでは進歩しません。頭の中に、文法、活用、文の構造などを枠組みとしてもつことが必要です。頭でわかった理屈を、実地にからだで理解する。その繰り返しによって、はじめて外国語が修得できます。ワインもおなじです。ワインは、自分で飲んだワインからしか判断できません。おまけに味の感覚は薄れるものです。体験を記憶する知識の裏付けと、その方法が必要なのです」

ロベールはこんなこともいった。

「ワインは味わいを愉しむ人しか深入りしないほうがいいです。考えるとおかしなことでしょう。ワインとは、たかがブドウの汁です。ブドウをつぶして、それを発酵させて、何年も寝かせて、そして飲む。こういう複雑な手続きをして、なにかを作る。そこを愉しむ気持がなければ、ワインを作るひとも、それを味わうひともいなかったでしょう。ブドウの実をたべていればいいわけだから。やはり、いいワインを飲むこと。自分の好みにもあって、ほんとうにおいしい、という喜びから出発すること。僕は二十歳のときペトリュスとラトゥールというワインに出会いました。はじめてペトリュスを飲んで、これはイケると思いました。一九六八年です。いまから十二年前、ペトリュスの名を知っている人はいても、ほとんど無視されていました。忘れ去られた、というか、知られていない、というので、なおさら熱中したのも事実です。ペトリュスがロールス・ロイス並みの〝幻のワイン〟になるのに、僕も、ほんのちょっぴり貢献したかもしれませんね」

彼はまたこうもいった。

「僕は挑戦するのが好きなんです。デラックスなやわらかいベッドでぬくぬくと眠るより、野戦病院の固いベッドを選びます。料理を作るのは子供の頃から好きでした。料理は創造でしょう？　料理かワインかといわれたら、料理をとります。僕のワインは受動的です。飲んで味わうだけです。生産者になって作れば話は別ですが。ベトナムには料理学校はなかったから、すべておふくろから学びました。ベトナム料理は世界一おいしい料理の一つだと誇りをもっています。一九七五年にサイゴンが陥落して以来、おいしいベトナム料理は祖国から姿を消しました。いまに若い世代のベトナム人がパリのタン・ディンに伝統のベトナム料理をおぼえにくる。そうなるのが僕ら兄弟の夢なんです」

それからそれへと話は移った。私はいったん勘定をすませたが、また坐りなおした。最後の客のフランス人カップルが去ると、兄のフレディも話に加わった。「もうこのへんでいいよ」といえる、おうようなところのあるフレディと「やりかけたらとことんまで、やらなければ気のすまない」弟ロベール、二人の性格のちがいが、この兄弟をいいコンビにしている様子も、すぐにわかった。

一九六九年、彼らはブルゴーニュへ向けて出発する。

動機は二つあった。

両親がベトナム料理店をやっていた。店名はタン・ディンといったが、当時はパリ第六、第七大学のそばにあった。当初は学生向けの安食堂だった。そこで当時一本六フランくらいの安いワインを出していた。どうせ出すなら、同じ六フランでもよいワインを探そうという、家族経営レストランの実質的動機。第二は、レストランで聞こえてくるフランス人の会話から判断するかぎり「フランス人だってワインを知らないじゃないか」という発見。これがロベールのチャレンジ精神を刺戟した。彼らは学生だった。当時フレディは二十四歳で薬学部の四年生。ロベールは二十一歳で英文学専攻の一年生。時間はたっぷりあるが、金はない。ならば行く先は旅費のかからない、パリからいちばん近いブルゴーニュだ。七月、八月、九月の三カ月の夏休みがあてられた。綿密な準備をした。たくさんの本を読んだ。

ブルゴーニュは広い意味で、バース・ブルゴーニュ（シャブリ）、コート・ドール、シャロネ、マコネ、ボジョレ、の五つの地区に分かれている。ブドウ畑は南北に連なる細長い土地で、距離にして、約二百六十キロ、面積は三十万ヘクタール、五万軒のワイン生産業者、生産量二億五千万本。これがブルゴーニュのすべてだ。だが調べてゆくと五万軒の生産者の中で、めぼしいのは約三百軒しかない。生産地は距離にすると長いが、総面積ではパリ市の半分にもみたない。三カ月あれば充分だ。一日平均四軒訪ねるとして、ゆうゆうと三百軒の利き酒が可能だ。彼らは訪問先のリストを作成し、人を介して、ポマールのそばのメロワゼという小さな村に、三カ月の約束で一軒家を借りる手筈もととのえた。

一九六九年七月十六日。白い中古のイタリア製ミニ・カー、オートブランキでパリを出発した。お人形のようなフランス女性が一人同行した。現在ロベールの奥さんになっているスペイン語学科の学生イザベルだ。フレディが地図を読みロベールが運転した。まるで青春を絵に描いたようなワイン探検旅行のスタートだった。

パリを発って約三時間のドライブで、まずシャブリに寄った。そこで一泊して、翌朝にはメロワゼ村の〝家〟に着いた。食堂、台所、風呂場、居間と四つの寝室のある天井の高い大きな田舎家で、村に一軒あるパン屋の主人が家主だった。家賃は一カ月千フランで高くはなかった。

翌日からこの家を拠点に、生産者訪問を開始した。

まずディジョンにいった。この町の南からリヨンに至る南北に細長い百六十二キロのあいだにある土地が、狭い意味の〝本物〟のブルゴーニュだ。ブルゴーニュを代表する〝黄金斜面《コート・ドール》〟もここにある。海抜約二百七十メートル、幅四キロ、南北に四十キロの細長い斜面にブドウ畑が連なっている。その黄金斜面は、さらに、ニュイ斜面《コート・ドゥ・ニュイ》とボーヌ斜面《コート・ドゥ・ボーヌ》の二地区に分かれている。ディジョン寄りのニュイ斜面には千二百ヘクタール、その南のボーヌ斜面には二千八百ヘクタールのブドウ畑があり、この二地区だけで〝ブルゴーニュ産ワイン〟の名称を正式に認められている、いわゆるAOCワインが六十五ある（AOCについてはいずれ説明の機会があると思うが、ブルゴーニュ全体でAOCワインは百十三銘柄しかない）。

彼らは、この黄金斜面の村々をディジョンからはじめて北から南へと、一つずつ、フレディの言葉を借りれば、虱潰しに〝攻撃〟して歩いた。丁寧に見、丁寧に味みして歩いたのだ。

ニュイ斜面地区では、ジュヴレ・シャンベルタン、モレ・サン・ドゥニ、シャンボール・ミュジニィ、ヴージョ、エシェゾー、ヴォーヌ・ロマネ（この村にロマネ・コンティの畑がある）、ニュイ・サン・ジョルジュの村を訪ねた。

ロマネ・コンティのブドウ畑は一・八ヘクタール（一万八千五十平方メートル）しかなくて、パリのコンコルド広場より小さい。年間生産量五千〜五千五百リットル、瓶詰めにして約七千本しか作られない。ブルゴーニュのブドウ畑が大きくないことも、ロマネ・コンティの畑が、その名の知名度に対してあまりにも小さいことも、本で読んで充分に知っていたが、あらためて確認した。

次にボーヌ斜面地区に入った。

アロス・コルトン、ショレ・ボーヌ、ボーヌ（オスピス・ドゥ・ボーヌがある）、ポマール、ヴォルネ、ムルソー、プリニ・モンラシェ、シャサーニュ・モンラシェ、サントネの村々である。

さらに南下、今度はシャロネ地区のリュリ、メルキュレ、ジヴリ、モンタニィの村を訪ね、最後にマコネ、ボジョレ地区に下りた。

毎晩、翌日訪れるワイン生産者に関する資料を取り出し、再読してポイントを書きとめ、カードに質問事項を記入した。

朝食は家主のパン屋さんで買ってきたパンとキャフェ・オ・レで簡単にすませ、十時には最初の訪問先に着くように出発する。オートブランキもよく働いた。転売するときに、色も型も売りやすいということで航空機の技術者である父親がみつけてくれた車だが、この世界一の小型車は、小さな農道でも、楽々と入ってくれた。

生産者を訪問して、まずフレディが質問する。彼は薬学専攻の学生だから化学の専門用語や化学分析の言葉がポンポンでる。アジア人は若くみえる。最初は、なにかのはずみで迷いこんできた〝毛色のちがったガキ二人と可愛いフランス人の女の子〟の三人組を怪訝な顔で迎えた人たちも、彼らの知識が豊富で正確なことに驚き、だんだんにひきこまれて真剣に応対してくれる。

その場で飲ませてもらい、利き酒の結果をノートし、疑問点を質問する。いいと思ったワインは買い、お礼をいって引きあげる。

夕方、家に戻って一休みすると、今度は買ってきたワインでふたたび利き酒をする。三人が各自の意見を述べ、一つずつのワインの印象をノートに書きこむ。復習が終わったら、翌日の予習をする。ロベールは、どんな些細なことでも、ワインの味とはおよそ関係のないようなことでも、アホらしいと思うようなことまで、感じたことはすべてノートした。

この率直な第一印象が、個々のワインを理解してゆくうえに、あとになって意外に重要な意味をもつことには、まだ気がつかなかった。

この方法で、彼らは一軒一軒を訪問した。一日平均、三軒か四軒が限度だった。しかし三カ月かかって、予定しためぼしい生産者二百八十六軒はすべて訪れることができた。

「おかしいんです。そのときのスナップをみると、利き酒をしている訪問者は、みんな手に手にグラスをもって楽しそうに微笑んでいるのに、フレディとイザベルと、僕ら三人だけは鉛筆とノートをもって、むずかしい顔をしているんです」

彼はなつかしそうに微笑んだ。そしていまでも、プロのデギュスタトゥール（利き酒のプロ）としてデギュスタシオン（試飲会）に招かれて、その模様を撮った写真が雑誌や新聞にでると、ロベールだけがノートと鉛筆をもっている。

三人は、この三カ月の学習旅行を充分に楽しんだ。体を運んで、一軒ずつ生産者を訪ね、自分の目で見、舌で味わい、ワインを作った人から直接話をききながらそのワインを味わったのは貴重な体験だった。この現場体験を通じて、本から得た知識と理論を確かめることができた。紙の上の文字ではつかみきれなかった言葉が、はじめて内容をもった。理論と実習を反復するという方法で、ワインの核心に迫れると、ロベールは確信した。

生産者の醸造庫から取り出して飲ませてもらった利き酒のワインと、瓶で買って飲んだ同じ年の同じ銘柄のワインが、かならずしも同じ味でないことにも気がついた。それが何故かを答えるには、まだまだワインを知らなければならない。青春のワイン探検旅行がロベールに投げかけた大小さまざまな疑問が、

この利かん気の若者を次のステップへと導く。（85年6月）

2

一九八四年六月、私はロベールの案内でボルドーへゆくことになった。ロベールに会ってから四年たつ。その間、本を読んだ。ワインを味わった。私なりの勉強がすすむにつれて、ロベールがワインについて成し遂げたことが途方もないことに思われる。

彼はこの十五年間、一日も欠かすことなく、一日最低一種類の新しいワインを飲んだ。彼は、運動選手やピアニストがするように、ワインについての自分自身を訓練し鍛練しつづけた。製造過程に興味をもった。味わった一本がすばらしければ、なおのことその背景が知りたくなって、くりかえし生産現場へ足を運んだ。製品と土と醸造の関係をつきとめようとした。青春のエネルギーと情熱を賭けて、一本一本のフランスワインを追求し、定義していった。彼が味わったワインの数は五千本を下るまい。ワインは経験だと彼はいう。膨大なデータは整理分類されてロベールの中にイン・プットされている。私にはロベールがワイン・コンピューターにみえる。

気持よくロベールが時間をつくってくれた。はじめてのワイン旅行に私は鉄道を選んだ。

ボルドー行きの汽車は、セーヌ河岸にあるオステルリッツ駅からでる。パリ・ボルドー間は五百六十六キロ、ちょうど東京と大阪の距離だ。時速百四十キロの特急列車で約四時間かかる。料金にすれば往復一万三千円の旅である。

ロベールと私は、午前七時四十七分発の軍旗号《エタンダール》に乗った。正午にボルドーに着く。食堂車で朝食が食べられるのがこの列車の魅力だ。車窓にひろがる田園風景を眺めながらとるキャフェ・オ・レとクロワッサンの朝食はうれしい。運よく窓ぎわの席がとれた。向かい合って坐る。ロベールは朝刊を読みはじめる。時間はたっぷりある。私はこの機会に、簡単にロベールの生いたちを語ろう。


ロベール・ヴィフィアン。一九四八年、サイゴン市（現ホーチミン市）チョロン地区に生まれる。父親レオン・ヴィフィアン氏は一九二三年生まれ。フランス人の血が四分の一混じるベトナム人だ。ヴィフィアンというフランス姓はレオン氏の祖父から受け継いだものだ。母親のグエット・フォンさんは四分の三が中国人、四分の一がベトナム人。お父さんはサイゴン華僑の中心地区チョロンで大きな食料品店を経営していた。したがってロベールは、ベトナム人の血二分の一、中国人八分の三、フランス人八分の一のベトナム人だ。

両親は一九四四年に結婚。翌四五年に長男フレディ、四八年にロベール誕生。父親レオン氏はサイゴンの技術専門学校卒業後、フランス民間航空の整備技師として働く。五三年、父親の夏休暇を利用して一家はパリ旅行にくる。ロベールは五歳。このときはじめてフランスの土を踏む。

その後のヴィフィアン一家の歴史はベトナム動乱の歴史と重なる。五四年五月、ディエン・ビエン・フー陥落。ジュネーブ会議。北緯十七度を境にした〝二つのベトナム〟が作られる。南北ベトナムの対立。五六年四月、最後のフランス軍のサイゴン撤退。アメリカのベトナム介入。航空関係の仕事もアメリカの管理下に置かれる。フランス語でフランス製航空機の整備をしていたレオン氏は職を失い、生活の道を求めて単身渡仏。フレディが十二歳、ロベールは九歳。このときからヴィフィアン一家は十一年間別居生活を余儀なくされる。六八年、ロベールは大学入学試験《バカロレア》を取得して、パリ大学に入学するためフランスにくる。一家は再結合する。

　温めたクロワッサンのバタの匂いがしたのでロベールもニコッと微笑んで新聞をたたんだ。私も、お椀のように大きなカップに、運ばれてきたミルクとコーヒーをなみなみと注いだ。はじめてワインを飲んだのは何歳のときかときく。五歳だったと思うとロベールが答える。「えッ五歳、どこで?」と思わずたずねる。「祖父のところで。味は覚えていない」と彼が先まわりする。おじいさんが経営していた食料品店は、パリでいえば「フォーション」のような、高級食料品をたくさん揃えた、サイゴンでも有名なハイカラな店だったらしい。ガレージに、いつもワインが積んであったとロベールがつけ加える。席に戻って、ブルゴーニュのワイン探検旅行のその後を聞くことにする。

　彼らは六九年の夏の滞在で、ブルゴーニュに多くの知り合いができた。七〇年、七一年とふた夏つづけてブルゴーニュに戻った。翌七二年の夏は、ボジョレ地区を集中して歩いた。七二年はロベールにとって、決心の年だった。彼は六月に、英文学の修士《マスター》を取り、夏休み明けからは本格的に調理場に立った。料理人の道を選んだのだ。タン・ディンは、もともと母親がはじめたものだったが、薬剤師の資格を取っていた兄のフレディも店で働くことに決めた。ワインは七〇年から本格的に集めたので、七二年秋には約三千本のカーヴができていた。もちろん、中心はまだブルゴーニュワインだった。

　ちょうどその年の九月の終わりに『ゴ・ミヨ』のアンリ・ゴ氏がはじめて食事にきてくれた。その後二度取材にきて、月刊誌「ゴ・ミヨ」の十二月号に、タン・ディンの詳しい紹介記事が載った。評価は二十点満点の十二点だったが、記事の内容には勇気づけられた。

「ヴィフィアン一家がパリ一のベトナム料理店になるのに、なにか欠けているか。いや、すべてある。二人の息子たちはワインに熱中している。ワインリストは超一流のフランス料理店に負けていない。客は、このレストランで、ベトナム料理と白ワインならプリニ・モンラシェ、赤ならグリュオ・ラローズが実にぴったりとあうのを発見する」と。

「たしかに僕ら兄弟は夢中でした。〝ワイン気狂い〟のレベルに達していたかもしれません。のりにのって、カーヴづくりに熱中していました」


　はじめた当初、二人は学生だった。お金がない。二人あわせて一週間に百フランが精一杯だ。ただし、当時はワインの値段は安く、とくに知名度の低い高級ワインは、うそみたいな値段で買えた。七五年に買ったペトリュスが、73年物で七十フラン。七七年に買ったオー・メドック地区の代表的銘柄ワイン、ラ・ラギューヌ、大ブドウ年《グラン・ミレジム》の75年物がなんと十二フランで、モンパルナスの大スーパーマーケット「イノ」で安ワインの棚に並んでいた。いまレストランで飲めば三百フランは確実にする。掘り出し物だった。大ワイン《グラン・ヴァン》をもっとも安く手に入れるための作戦を練った。扉は叩かなければ開かれないのを実感した。まずワインの本の読み直し。『ラルース・ワイン辞典』もA・リシーヌ著『フランスのワインとブドウ畑』

も、買うという立場で読むと、ちがった読み方ができる。大ワインの名前とミレジムの関係を頭にたたきこむ。記憶の精度が、買い手としての勝負の決め手になる。試飲会《デギュスタシオン》の機会も徹底的に利用した。ワインの雑誌や新聞に目を通して試飲会には必ず参加した。一回に三、四十本のワインが味わえる。プロがきているので、貴重な情報が得られた。利き酒は毎日欠かさずつづけた。幸い彼らは二人だ。一度に二本か三本のちがったワインをあける。比較することで特徴がわかる。丸ごと一本飲む必要はない。半分はハーフ・ボトルに移しかえて、もう一度栓をして冷たい場所に保存する。三カ月、六カ月と期間をおいて飲む。一度空気にさらしたワインを六カ月おく、という実験をしたのは、たぶん彼らがはじめてだろう。あけたワインを三カ月おくのはタブーである。六カ月後の味は、もちろんちがうが、そのワインの特徴はいっそうはっきり確認できた。二人はケチケチ試飲をつづけた。

汽車はポワチエ駅を離れるところだ。森と川の町、また歴史の町でもある。静かな佇いの街並みがみえる。時計をみる。ボルドーまであと二時間。ひと息入れて、ロベールはカーヴ作りの話を続ける。

ワインの買い方には二通りある。地元に注文して直送してもらう方法と、酒屋やスーパーで買うやり方だ。最初彼らは、ボルドーのめぼしいシャトーに数百通の手紙を出した。ほとんど返事がなかった。しばらくたって、注文する場合は、生産者のシャトー宛てではなく、そのワインの販売を扱う卸商《ネゴシアン》や仲買人《クルティエ》宛に書くにかぎることを知った。この購入方法の利点は、市価の半額ぐらいの卸値で買えることだ。だが、十二本入りの一ケースが最低量で、しかも若いワインが大半なので数年は寝かせなければならない。

良いワインを手っとり早く入手する方法として彼らはここでも、足で稼ぐ方法を選んだ。パリの主だった酒屋をめぐり、一軒一軒、置いてあるワインの種類と値段と保存状態をチェックした。在庫カタログがあれば必ずもらい、比較研究の資料にした。買い得のワインは即座に一本でも買った。酒屋のおやじと友達になった。

重大な発見もあった。在庫カタログに売り切れと書いてあるワインがかならずしも全部なくなってはいない。一本、二本の端数は〝売り切れ〟にしてしまう事実だ。パリでいちばん名の通った酒屋チェーンに「ニコラ」という店がある。パリ二十区内に百二十九軒、郊外の隣接する十五の町に四十七軒、合計百七十六軒のニコラを一軒残らずアタックした。電話帳から支店リストを作成し、メトロとバスと足を使って訪ねた。三軒、四軒と成果があがらない。よし、もうあと一軒とねばって、五軒目でレオヴィル・ラスカーズ70年を一本四十フラン、六軒目でドュクリュ・ボーカイユー64年を四十五フランで二本手に入れたこともある。

七二年の暮れに「ゴ・ミヨ」誌にタン・ディンの紹介記事がでてから徐々に物事が変化していった。料理人、食味評論家、ソムリエ、レストラン経営者、ジャーナリストなどのプロが次々にきた。〝新ベトナム料理〟と〝いいワイン〟が評判をよんだらしい。交友関係もひろがった。パリ十二区にある「オ・トゥルー・ガスコン」のオーナー・シェフのアラン・ドゥトゥルニエもその一人だった。彼は七四年の秋の土曜日の午後、奥さんといっしょに食べにきた。当時彼は二十五歳、ロベールが二十六歳。すでにアランは「オ・トゥルー・ガスコン」のオーナーだったが、もちろん、そんなことは知らない。はじめてきた客のひとり、その若造がシュヴァル・ブランの62年を注文した。当時のロベールのワインリストの最高のワインだった。好奇心が働いて、食後、彼のテーブルにいって話をした。彼はワインをよく知っていた。それ以来、親友になった。ベトナム人であることが幸いして、こちらは覚えていなくても、向こうは覚えていてくれる。アジア人とワインの結びつきは、やはり珍しいのだ。デギュスタシオンにしばしば招待された。七六年頃には、一人前のデギュスタトゥールとして扱われるようになった。プロとみられるようになると、いいこともある。生産者やネゴシアンから、見本用のワインが送られてくるようになった。もちろん無料だ。

車窓にブドウ畑が現われはじめた。列車はコニャック地方に入ったようだ。次の停車駅アングレームで下車して、車で三十分も西へ走ればコニャックの中心地に着く。だんだんとボルドーワインに近づくのが風景からも感じられる。ロベールも私の気持の変化を敏感に察したらしい。話をボルドーへもっていってくれる。

彼らのワイン旅行は夏休みごとにつづいた。七三年にはシャンパーニュ地方、七四年ロワール河流域。七五年アルザス。七六年ボルドーのサンテミリオン地区。ボルドーにはそれ以前にも二回きていた。六八年に両親と一家揃って観光旅行にきた。そのときがボルドーを自分の目でみた最初だった。次は七四年の秋、フレディといっしょに週末を利用して、ボルドーワインのシャンゼリゼともいうべき、メドック地区の有名なシャトーを巡った。シャトー・マルゴー、ラトゥール、ラフィット・ロートシルト、ムートン・ロートシルト、オー・ブリオン等を見学した。自分の舌がブルゴーニュからボルドーに向かっているのを彼は感じた。

「二地方のワインの味のちがいをひとことでいえば、ブルゴーニュの味は細く、ボルドーのそれは太い。僕のボルドーワイン歴は、六八年にフランスにきた直後に飲んだ。シャトー・ラトゥールとペトリュスにはじまっています。二十歳のときです。衝撃でした。ワインに深く入りこむ原体験です。次のショックは、七二年にボジョレ旅行の帰りに立ち寄ったレストラン「ラ・ピラミッド」で飲んだペトリュス61年とヴュー・シャトー・セルタン64年です。この二本はボルドー地方ポムロール地区のワインです。〝ポムロール〟の名前が強烈に頭に刻みこまれました。おそらくこの出会いが、ポムロールワインに狂う原点だったように思います。しかし、ボルドーを理解するには、まだまだ時間がかかりました。

実をいうと僕は、七六年にも、イザベルといっしょにサンテミリオンにきました。いつものように部屋を借りて、生産者を訪ねました。ポムロールはサンテミリオンの隣の小さな村です。サンテミリオン産の名酒シュヴァル・ブランとポムロールのペトリュスは、道一本へだてた隣同士なのです。こちらに準備がないと、物事は見えないものですね。旅行者として素通りしているのです。しかしこのサンテミリオン以後、僕らは、七七年、七八年、七九年、八〇年と四年つづけてボルドーへきました。わかりやすいブルゴーニュという迂回路を通ってボルドーワインへきたことは、僕にとっては正解でした。どちらもすぐれたワインです。性質はちがいます。性質のちがうすぐれたものを比較したのが、よかった。醸造過程も一通りは頭に入っていた。なによりも、ワインの味そのものに魅かれてボルドーへきたのがよかった。どんな人が作っているのか。背景になにがあるのか。好奇心がゆさぶられました。まず作品、次に作者です。

僕はペトリュスの醸造責任者《ウノローグ》ジャンクロード・ベルエに会って、はじめてワインの本質を教えてもらったと思っています。ジャンクロードは天才です」

列車がボルドー駅についたので、私は〝天才〟という言葉を呑みこむしかなかった。ロベールが意味もなくでっかい言葉を使うとは思えなかった。

ボルドーは、千年以上前から栄えた国際港だ。都市名Bordeauxは〝水のふち〟、オ・ボール・ドゥ・ロー（au bord de l'eau）からきている。ローマ時代にはブルディガラと呼ばれた。ラテン語で、やはり〝水のふち〟を意味した。地図でみると大西洋に面しているようにみえるが、実際は、ジロンド河を河口から百キロさかのぼった、支流ガロンヌの河岸にある。タクシーを拾って「税関河岸」にでる。ここが旧港《ヴユ・ポール》とロベールが説明してくれる。第一次大戦前までは、ここからワインが船に積まれて世界に運ばれた。対岸まではゆうに七百メートルはある。広い流れだ。千トン級の貨物船が二隻、五百トン級が三隻停泊している。そのあたりは「桟橋」と呼ぶ。河がちょうど左から右へゆるやかに曲がり大きな「く」の字を描いている。「く」の字のまんなかを中心にして三日月形に発展したのがボルドー市だという説明がよくわかる。

サンテミリオンへ直行する。ボルドー市から三十八キロだ。車は、すぐ大きな橋を渡って、ガロンヌ河の右岸へでた。市街地を抜けると、高速道路の右も左もブドウ畑だ。丘から丘へとスロープがつづく。ブドウ畑に囲まれた小高い岩の丘全体がサンテミリオンの町だった。「サンテミリオン・ワイン協同組合」前の広場で車を降りると、ロベールはジーンズの軽快な足どりで右へ曲がり、すたすたと坂を降り、坂の中途にある小さなレストランにすっと入った。私たちは中庭のブドウ棚の下のテーブルに坐った。お昼しかやっていないという家族経営のレストラン「キャンデンスの宿」に、ロベールはパリから予約を入れておいてくれたのだ。

ブドウの若葉がまぶしい。メニューがきた。本日は、すべて彼におまかせだ。料理人のロベールが選ぶ地元の料理がたのしみだ。

ランプロワのボルドー風。

地鴨の胸肉のあぶり焼き。

ワインはサンテミリオン、シャトー・ドゥ・ラ・クロット。もちろん赤だ。

ランプロワは、日本でいう八つ目鰻の一種。ちょうどこの季節、海から遡ってきたところを、サンテミリオンの下を流れるジロンド河の支流のドルドーニュ河で捕る。漁期は三月から七月までの五カ月間。漁獲場所も河口からの百四十キロメートルまでと制限されている。それ以上上流に遡るものは、まだ小さいので漁獲を禁止しているという。幸運にも旬にいきあわせた。ボルドー風とは、ボルドー産の赤ワインで煮込む。もちろん水は一滴も使わない。運ばれてきたのは小さな土鍋で、ぷつぷつ煮えている。とろけるような鰻だ。赤ワインと鰻の脂と正体のないところまで煮合わせた青葱だ。渾然一体とろとろの、この煮えたぎる土鍋の中にモチでもいれたら、さぞや結構な赤ワイン雑炊ができるだろう。この次にきたら、三皿は食べるぞと秘かに決心する。お次は鴨だ。胸肉のどっぷりした厚さにおどろく。レアと頼んだのでほとんど刺身である。だがその皮は岩塩をこすりつけて薪の火で焼いてある。噛んでも噛んでも脂がにじみでてくる。その脂がまたサンテミリオンと融合する。さすがに地酒だとうなる。この赤ワインは、レストランのおやじさんが作っているワインだとロベールが説明する。また一口含む。残りの脂が洗われる。ここでは世界《ものごと》は、すべて赤ワインを中心にして回っているらしい。私が人心地つくのを見届けて、ロベールが語りはじめる。

「このレストランで、はじめてベルエ氏に会いました。一九七八年八月の終わりです」

　私はドキッとする。彼の言葉を待つ。

「僕がはじめてベルエ氏の名前をきいたのは七六年、パリのアメリカ大使館でのパーティーの席です。建国二百年を祝う行事の一つとして、アメリカ産のワインを百五十種類ほど揃えて、大使館主催の大試飲会があったのです。僕にも招待状がきました。七月の暑い日でした。大勢の人がきていて、外の暑さと人いきれで、ワインが熱くなっていました。その席で、イギリスの新聞記者ヒュー・ジョンソンが『ペトリュスのウノローグはジャンクロード・ベルエである』と教えてくれました。

　帰ってすぐ、会いたい旨の手紙を書きました。会ってどうするか。興奮がさめて、冷静に考えてみると、役不足です。準備を完璧にしてからでも遅くない、とおもいなおしました。七八年の八月まで待ちました。今日と同じように、三時半にペトリュスで会う約束で、その日、僕はここで昼食を食べていました。偶然にも、ベルエ氏が昼食にきていて、向こうから、アジア人の僕をみつけて声をかけてくれました」

「天才というのは？」

　私はやっと口をはさんだ。ロベールは考えこんだ。どう説明しようかと迷っている。彼にしては珍しい。

「彼はすばらしい人《スーパー・サンバ》です。シンプルです。ワインを知っています。ワインを言葉で説明できます」

　ロベールはまた黙った。そしてつづけた。

「ベルエ氏を説明するためには、その前提として二つのことを話す必要がありそうです。ワイン醸造における近代化の問題とウノローグの役割についてです。

いま飲んでいるワインは、昔の人が飲んでいたワインとはちがいます。ワインという名のついた飲み物は、ずっとありました。しかし、厳密にいうと、ワインの中身の構成が変わってきているのです。昔は、ワインは神さまからの贈り物でした。〝ブドウの三分の一は病気に、三分の一は虫に、残りの三分の一がワインに〟というブルゴーニュの古い諺が示すように、人間の力は自然をコントロールできず、自然にしたがってワインをつくりました。昔ながらの醸造法を守り、長い経験をベースにしたカンでつくったのです。ワインづくりの責任者は、〝醸造樽倉庫の親方《メートル・ド・シェ》〟でした。ワインの近代化革命が起こったのは、五〇年代も後半です。第二次大戦後しばらくたってからです。

エミール・ペイノという学者がボルドー大学のワイン醸造学科の教授として、一九四九年に弱冠三十五歳で赴任します。彼がワイン醸造に近代科学と最先端技術を導入しました。ベルエ氏はペイノ教授の一番弟子です。化学分析、微生物学、発酵学などの研究成果と、ブドウ畑用特殊トラクター、ステンレス製発酵槽などの最新器具を用いて、ワイン醸造過程は人間の手でコントロールできる、と宣言し実行したのです。

五〇年代のボルドーでは、ワイン醸造の新旧が対立し激しくたたかわれました。結局、ペイノ・スタイルの、飲み頃の早い、軽いワインが主流になりました。新しい科学的醸造法が古い伝統的醸造法に勝ったのです。その中で、ウノローグという新しい職業が確立しました。ワイン醸造の責任者です。ベルエ氏は、その一期生です。同時に、師のペイノ教授を乗り越えた人だと僕は判断します」

「なぜ、そうわかるのですか」

「僕は、ベルエ氏が、今日まで二十年近く作ってきたワインをすべて、なんらかの形で飲みました。三百種のワイン、つまり三百点の作品を味わえば作者の力量はわかります」
　席を立つのは惜しかった。時間がきていた。

　二十分後、私はペトリュスの醸造庫の前に立っていた。手入れの行き届いたブドウ畑が広がっている。地平線の樹立ちが二メートルほど沈んでみえる。ペトリュスの畑だけが、ゆるやかな丸い丘になっている。この地形が日当たりをよくする。本で読んだ通りだ。私は畝のあいだを歩いて一本のブドウの木の前に立った。ブドウの木は私の腰までしかない。腰をかがめて向かい合う。ブドウの木というものに対面するのははじめてだ。これが名酒ペトリュスを生む木だろうか。あなたは何歳ですかと問いかけてみたくなる。まるで生き物だ。中国の仙人の風格だ。よじれた古木の幹に異常な力がある。威厳がある。生き長らえた、その力と知恵で、この土から養分を吸いつくす。疲れないのだろうか。古木から伸びた枝がしなやかで初々しい。古木は養分を送りつづけて、ブドウの実という子供に結晶させる。さらに、その美しい実を最高の質のものにするために、ここでは春の初めに、限られた数のすぐれた芽だけが残されるのだと、さっきロベールが説明してくれた。

　車の止まる音がした。男の人が降りてきてロベールと握手する。私も急いで二人のところへ戻る。紹介が終わる。二人に従って醸造庫に入る。急に暗く冷たい。何かが噴きでているのを感じる。立ち止まって集中する。匂いだ。新しい樫材の樽の匂いと、その中で発酵活動をつづけるワインの匂いだ。匂いというよりは、若く力強くあらあらしい呼吸だ。二段に積んだ樽のあいだを縫って倉庫の中を一巡する。二人はときどき立ち止まる。この樽に詰まっている82年のペトリュスは、一九四七年以来の、もしかしたら有史以来の超大型ペトリュスになるだろうと話している。飲めるまでには二十年は待たなければなるまい。二〇〇〇年のワインか。二人の使っている言葉はどうきいても〝ワイン語〟なので、私には皆目わからない。隣の試飲室に移ってデギュスタシオンが始まる。いよいよ私の出る幕ではない。赤いワインを中に語り合う二人の男性をみているのは快かった。勉強して、必ずきっともう一度戻ってこよう。揃って外へでた。ベルエさんも、私のワイン理解度を察知してくれたようだ。82年がはいっているというのに、おぼつかないグラスの持ち方だもの。まず私のワインのフィロソフィーをお話ししましょう、と私を畑へ導いた。

「ワインは土です」

六月のブドウ畑に彼の言葉は広がった。彼は足もとの土のひと塊を拾いあげて私の目の前に示した。

「〝土〟以上のものは、できないのです。われわれは、土からそのマキシマムを取り出そうとしているのです。車と同じです。プロの操縦者が運転すれば、その車の性能百パーセントのスピードで走ることができます。ワイン作りにおける人間も、あくまでパイロットです。パイロットは、自動車から飛行機のスピードは出せません」

ベルエさんの言葉は確信に満ちて、しかもあたたかかった。私は彼のいおうとすることを理解したかった。科学者が土だという。その意味を正確にわかりたい。ひとつ残らず知りたい。私は目の前にひろがるペトリュスの土が起きあがり盛りあがり、動き出すのをみていた。

（85年7月）

3

ボルドーは、やはり南だ。

マロニエの白い花が満開だ。

今朝、小雨のパリを発って夏の光の中にとびこんできた。一年たった一九八五年五月、私はまたボルドーへきた。明日三時にベルエ氏を訪ねる約束がしてある。リブルヌ駅前の「ホテル・ルバ」に宿をとった。がっしりした木造のこのホテルは、マダム・ルバの持ちものだった。〝ポムロールの女傑〟と呼ばれた、このマダム・ルバこそ、一九六一年に亡くなるまでペトリュスの所有者でもあった。多くの逸話を残している。ちょっぴり目立ちたがり屋の、愛すべき女性だったらしい。直径一メートルに及び白い大きな帽子をかぶり、手にパラソルをもち、胸の谷間がみえるほど胸元のあいた服をきて、ポムロール村を散歩したという。ペトリュスをこよなく愛した。ペトリュスは世界一のワインと信じて疑わなかった。一九五三年、エリザベス二世女王の戴冠式にペトリュス47年一ケース（十二本）を贈呈した。その返礼として、戴冠式に列席する栄誉をえた。マダムの巨大な白い帽子は、イギリス紳士淑女の目を奪ったという。ペトリュス醸造倉庫の窓を明るい水色に塗ったのも彼女だ。ワイン界にユニークなマダムの水色はペトリュスの色としていまも通っている。

二階の静かな部屋に案内される。旅行鞄からノートを取り出す。私のワインノートも分厚くなった。考えてみれば、この一年、ペトリュスに明け暮れた。レストランへいってもワインリストを真剣にみるようになった。ボルドーの赤ワインの項に、まずポムロールを探す。ポムロールの名前がみつかると、その筆頭にペトリュスを求めた。

ペトリュスとはなにか。

ロベールがなぜペトリュスなのか。

ロベールのワイン哲学をきいた。

「かず飲む。イケるというワインに当たる。記憶に残る。飲み重ねていくと、おのずと順序ができる。独断と偏見でさらに飲みつづける。

安ワインには歴史もないし、ミステリーもない。興味のもちようがない。いいワインは味わって飲む。それだけ豊かなのだ。

たとえば二万三千フラン払ってペトリュス47年を飲む。なぜか。たぶん理由は三つだ。第一は、それだけ価値があることを知っているからだ。ブドウ。製造。四十年近い保存。充分に価値がわかるからだ。絵と同じだ。なにげなく見てステキな絵だと思う人もいる。その同じ絵について四百枚も五百枚もの論文を書く人もいる。第二は、それを持つこと飲むことで、心が豊かになりプレステージがあがる。第三はお金、一種の顕示的消費。

絵や音楽を愉しむのと同じだ。興味があればだれにでも心地よい味の世界が発見できる。知識を深め、味わい方を知り、経験を積めば積むほど個々のワインの性格を、長所や短所までも知るようになる。客観的に判断できるようになる。ワインとの対話がはじまる。ワインは人間が知るもっとも快い知的冒険の一つだ」

次にペトリュスについて、身元調査――。調べたことをまとめてみる。

ペトリュスはボルドー地方ポムロール地区産の赤ワインだ。畑面積十一・五ヘクタール、ブドウの品種はメルロ。年間生産量・普通瓶で四万八千本、ポムロール産ワインのナンバー1。一九七〇年から七五年のあだいにメドックの〝横綱ワイン〟を抜いて、名実ともに世界一になった。いまでは〝幻の名酒〟とさえいわれる。『ボルドー銘柄ワイン辞典』によると、ペトリュスにあわせるべき理想料理は野趣たっぷりの〝雉《きじ》のロティ（丸焼き）ペリゴール風〟。秋から冬のジビエ・シーズン中、フランス人の食卓を飾る最高の肉のご馳走の一つである。

ポムロール村はドルドーニュ河右岸、海抜三十八～四十メートルに位置し、サンテミリオン村と隣合っている。約二百軒のワイン農家と七百二十九ヘクタールのブドウ畑の、つつましい村だ。シャトーと呼ぶような豪壮な建物は一軒もない。教会と村役場とよろずやの雑貨屋がただ一軒、買い物には三キロ離れたこのリブルヌ町までくる。

リブルヌはポムロール、サンテミリオン地区の商業の中心だ。ここに居を構えたワイン卸商達が、かつては折半小作の形で村の農家にワインをつくらせた。できたワインはリブルヌに集められ、卸商の手で樽や瓶に詰められ、オランダ、ベルギー、国内ではブルターニュ地方に売られた。

ボムロールでワインが本格的に作られはじめたのは一七三〇年頃からだ。比較的遅い。それまでは主として小麦を作っていた。本格的生産が開始された十八世紀中葉から一九六〇年代まで、二世紀以上、同じボルドーでありながらポムロールは無名だった。なぜか。

十六世紀以後四百年間、ボルドーワインはボルドー市を中心とするジロンド河左岸のメドック、グラーヴ産のワインが代表した。ボルドー市のワイン商人たちは左岸の高級ワインにだけ関心を向け、ポムロールやサンテミリオン産は眼中になかった。ボルドー市に拠点をもつワイン仲買人《クルティエ》、卸商《ネゴシアン》の大半は自分自身がメドック、グラーヴ地区にブドウ園を経営する大商人・大領主でもあったからだ。さらに、十八、十九世紀を通じて、高級ワインの最大顧客はイギリス人とロシア宮廷だった。歴史的にイギリスの影響の強いボルドー商人がその輸出の独占権を握っていた。

交通路の問題も大きかった。ボルドー・リブルヌ間は距離にして僅か三十一キロだが、ガロンヌとドルドーニュ、二つの大河を渡らなければならない。橋がなかった。最初の橋は一八二四年にかけられた。往来が本格的になるのは一九五三年にパリ・リブルヌ・ボルドー間に鉄道が通ってからのことだ。

鉄道が開通し、第二帝政下で繁栄するパリの金持たちもボルドーワインを発見しはじめる。それまでフランス宮廷、パリ住民の飲むワインはブルゴーニュワインだった。しかし高級ワインを買う人々は、国の内外を問わず、あくまでも「一八五五年のメドック番付け表」をワイン評価の目安にした。右岸のリブルヌ商人は「番付け表」に記載されないポムロール、サンテミリオンの中級、低級ワインを、あまりお金を払いたくないブルターニュ人、オランダ人、ベルギー人に細々と売っていたにすぎない。

左岸のメドック、グラーヴ地区：大領主の大規模経営。〝シャトー詰め〟高級ワイン。右岸のポムロール、サンテミリオン地区：小作人の小規模経営。卸商による樽、瓶詰め中低級ワイン——という対照は運命づけられているように思われた。

ここでメドック番付け表とＡＯＣワインについて簡単にふれておこう。

フランスワインの歴史は偽物ワインとの闘争の歴史でもある。何世紀にも及ぶたたかいの経験が教えたことは、他の追随を許さない高品質のワインを生産し管理すること。

一八五五年、ボルドー、メドック地区のワイン醸造業者は組合を結成し、メドックワインの製造に関する厳格な規則を定め、同時に製品を審査し、等級をつけた。特級《グラン・クリユ・クラッセ》、一級《グラン・クリユ》、二級《クリユ・ブルジョワ》。特級は六十銘柄、相撲でいうと幕内力士だ。さらにそれを五クラスに分類、いわば横綱、大関、関脇、小結、平幕だ。横綱は以下四シャトー。マルゴー、ラトゥール、ラフィット・ロートシルト、オー・ブリオン。ボルドーワインの代名詞でありフランス高級ワインの象徴だ（一九七三年にムートン・ロトシルトが加わった）。

ＡＯＣは「一八五五年メドック規則」の全国版だ。一九三五年に成立。ＩＮＡＯ（国立原産地管理委員会）の承認とコントロールを受けた産地のワインだけがＡＯＣタイトルの使用を許可される。各土地に適した高品質のワインを生産し、同時に厳しく管理することによって、フランスワイン全体の名声と品質を守ろうとする政策は輝かしい成果を収めてきた。

さて十九世紀後半になると、交通の発達、科学の進歩により、ブドウ栽培法、ワイン醸造法、ワイン市場動向などの情報がポムロール村にも入ってきた。この刺戟に村のワイン作りの人々も覚醒し、従来の〝量〟のワインから、〝質〟のワインづくりへと変わってゆく。〝宿命〟に対する抵抗であり、メドックへの挑戦だった。このたたかいの先頭にたったのが、ペトリュスの当主アルノー家だった。

肥料を減らし、ブドウの質の向上をはかる。白ブドウの栽培をやめて赤ブドウに専念する。メドックの経験に倣ってヘクタール当たりの収穫量を決める。樹齢の高い木の実を使う。

この結果ペトリュスは一八七四年〜八六年にポムロールナンバー1ワインの地位を獲得した。質は年ごとに向上した。しかし一九三〇年になってもポムロール、サンテミリオンは相変わらずボルドー銘柄ワインの〝貧相な子供たち〟の地位をぬけることができなかった。

ネックは二つあった。市場人気と小規模経営。この二つは密接に関連している。ワインは人気商品、イメージ商品だ。質があっても知られなければ売れない。当時の高級ワインの最大市場イギリスに足場がない。弱小なリブルヌ商人は強大なボルドー商人のイギリス市場独占の前に手も足もでなかった。

小規模経営で生産量が少ないのも、人気を得るのにマイナスした。ポムロールワインを知る人の絶対数が少ないからだ。

市場で人気がないと高く売れない。儲からない。設備投資にまわす資金がない。質を向上させるための設備の改善が財政的に無理なのだ。特にポムロールワインの多くが〝シャトー瓶詰め〟でないのが大きな欠点として自覚された。自前の醸造倉庫と瓶詰め設備をもって、栽培・醸造・醸成・瓶詰め、までの全工程を一貫して自分の手でやらなければ、常に一定した高品質ワインを生産することはむずかしい。しかし自前の設備をもつには規模が小さすぎる。昔ながらの製法をつづける以外に方法はない。瓶詰めは卸商の手に委ねざるをえない。メドック・レベルのワインをつくることができない。だから人気がでない。高く売れない。資金ができない。この悪循環を断ち切る芽は外部からやってきた。

一つは、パリのワイン商エティエンヌ・ニコラだ。現在パリ首都圏を中心に約三百店のチェーン店をもつ酒屋ニコラの先代の主人は、ポムロールワインを好んだ。ペトリュス、トロタノワ、ラ・コンセイヤント、ヴュー・シャトー・セルタンをパリで売りだした。パリの金持たちがポムロールの高級ワインを知りはじめる。やっと一九三〇年代である。

二つめは、コレーズ〝移民〟だ。一九二九年にニューヨークのウォール街からはじまる世界恐慌は翌三〇年にはフランスにも及んだ。この年に大量のコレーズ県人がリブルヌに移住してくる。コレーズ県はリブルヌからドルドーニュ河を遡ること約二百キロにある貧しい県だ。昔から村で暮らしの立たない二男三男は都会へでた。コレーズ人は質素倹約、勤勉実直、研究熱心であることでも有名だ。現在リブルヌのワイン卸商、仲買人の四分の三がコレーズ出身者だ。

このコレーズ移民の中にムエックス家があった。当主のジャン・ムエックスは家財を処分してサンテミリオン村のブドウ園フォンロックを手に入れ、一九三〇年に一家でサンテミリオンに移住してきた。その長男がジャンピエールだ。JP・ムエックスこそ、ペトリュスを世界一のワインに押しあげた張本人といえよう。

JPはまずワイン商からはじめた。サンテミリオン、ポムロールのワインをかついで、おもにフランス北部を売り歩いた。自分が扱う商品は全部試飲した。消費者の反応をじかに肌で知った。よそ者だったから人気のでない理由も冷静に分析できた。セールスと同時に父親のブドウ畑でブドウを栽培し、ワインを作った。作る。味わう。売る→生産。デキュスタシオン。販売。三つのプロセスからワインを掌握したJPは、ほどなくリブルヌ屈指の利き酒のプロになった。

第二次大戦後四五年に復員すると、JPの本格的活動が始まった。ワイン醸造、利き酒、ワイン商。三種類の異なった、かつワイン業のもっとも大切な三要素を身につけたJPに必要なのは、新しい市場とメドックを凌ぐワインを生産する組織だ。一点突破全面展開、この戦略の中心にペトリュスが置かれた。

当時ペトリュスの所有者はアルノー家から一九二九年にマダム・ルバに移っていた。ＪＰは四五年にこのポムロールの女傑からペトリュスの独占販売権を取得することができた。その年三十二歳のＪＰは、ペトリュスを携えて船でニューヨークへ売り込みにいっている。リブルヌは、コレーズ県人のカリフォルニアといわれたきた。コレーズ移民のＪＰが新世界に販路を求めても不思議ではない。幸いアメリカはワインの処女地だった。ボルドー商人もまだアメリカには手を伸ばしていなかった。

幸運はつづく。四五年、四七年はブドウの当たり年だった。四七年は今世紀最高といわれる年だ。ペトリュス45年、47年は、アメリカで大評判を得た。ニューヨークの高級レストラン「パヴィヨン」がペトリュスを置いてくれた。パヴィヨンの常客の中に、ケネディ一家、ギリシャの世界的船舶王オナシスやニアルコス、世紀のロマンスの主人公ウインザー公夫妻などがいた。ペトリュスはアメリカのハイソサエティーのハートを射た。しかし味覚というものは一朝一夕に変わるものではない。四五年の第一回売り込み以来、ペトリュスがニューヨークで不動の評判を確立するまでに、さらに十五年の歳月が必要だった。

この間、とくに五〇年代に、ＪＰは地元でも、リブルヌのワイン卸商として、サンテミリオン、ポムロールを売りまくる。着実に顧客をふやす、敏腕な商売人だ。その利益を土地の取得に向けた。ポムロール、サンテミリオン地区の質のいいブドウ畑を次々に取得してゆく。ポムロールのラグランジュ（50年）、ラ・フルール・ペトリュス（52年）、トロタノワ（53年）、サンテミリオンのマグドレーヌ（52年）など。そして取得したブドウ園を近代化した。ボルドー大学ワイン醸造学科のエミール・ペイノ教授を招き、最新技術を導入、やがて各ブドウ園の運営を〝集中管理方式〟に変えていった。つまり、各ブドウ園が樽親方の采配で個々にワインを醸造する従来のやり方を止め、ムエックス会社が選ぶ同一人物がすべてのブドウ園のワイン生産の指揮をとる。組織づくりの名人でもある。六四年九月二十一日、ムエックス会社に、将来の名指揮者、ボルドー大学醸造学科一期新卒生、ペイノ教授の秘蔵の愛弟子ジャンクロード・ベルエ二十二歳が着任する。

遡るが五六年一月、二月にボルドー一帯が大寒波に見舞われた。メドック地区は雪が積ったので土が凍らなかったが、雪の少なかったポムロール村の畑は凍った。ペトリュスのブドウの木も大部分は凍死した。当時の所有者マダム・ルバは植えかえを許さず、土中に隠れている部分で生きているものは一本でも残した。ペトリュスがいまあるのは、当時七十九歳、長靴をはいて陣頭指揮に立った肝っ玉母さんの、この英断のおかげだ。現在ペトリュスの木は平均樹齢五十四年、最長老九十年、三十年以下の木の実は使っていない。

六一年マダム・ルバが逝去する。ペトリュスの所有権がルバの甥と姪に移る。同時に実際の生産はムエックスに一任された。JPは商売であがる利益、拡大された組織のベスト・メンバーをペトリュスに投入した。メドック横綱ワインを凌駕する質と名声の双方を得るためにペトリュスにすべてを賭けた。

六〇年代半ばになって、アメリカでの評判がゆっくりとフランスに還流してきた。フランス人がようやく、ペトリュスを発見しはじめたのだ。パリの金持が好奇心をもった。ボルドー商人が興味を向けてきた。イギリスからも引き合いがきた。ペトリュスは年間四千ケース、四万八千本のワインだ。それ以上生産しないし、生産できない。しかも、大半はすでにアメリカに輸出されている。ここへきて、小規模経営の、いままでの短所が長所に転化した。品数が少ないので、需要に供給が追いつかない。稀少が価値になり、値段は鰻上りに上がる。評判が評判をよぶ。飲んだことのある人の絶対量が少ないので、ますます飲みたくなる。〝ペトリュスを飲んだ〟という事実は羨望の的になる。評判が上がれば、資金の調達が簡単になる。設備の改善も容易だ。さらに、十一・五ヘクタールという小ささが幸いする。お金も人もある。ブドウ栽培からワイン醸造、熟成の一つずつの工程に、何倍も細かく、何倍も丁寧に手をかけることができる。まさに英才教育だ。その結果さらに質が完璧になる。ここまできて、ベルエさんが〝土〟だという、その意味が私にもいくらかわかる。

こうして六〇年中葉から七〇年にかけてペトリュスは急速に〝幻の銘酒〟になり、世界一への階段をかけのぼってゆく。驚くことにわがロベールは、六八年二十歳のとき、はじめてペトリュスを飲み、この急上昇中の半無名のワインを、そのアンテナにキャッチする。そしてベルエさんに出会った。〝ベルエ・スタイル〟を飲みわけた。ベルエ氏の天才を発見した。ベルエ・ワインの新しさ、モダンさに傾倒した。そしていう。

「ジャンクロード・ベルエは天才だ。彼はワインをわかりやすく語る。彼ほどわかりやすく語れる人に会ったことがない。彼の頭の中には、土から瓶詰まで、ワイン作りの工程が、詳細かつ正確に入っている。しかもその工程の一つひとつの対処の仕方に偏見がない。率直で誠実でフレキシブルだ。科学の方法と経験の方法を見事に統合している。

ベルエ・スタイル。ベルエ氏が作るワインの特徴は、良質のタンニンにある。彼はタンニンの処理が抜群にうまい。土からできるだけ上品で繊細なタンニンを含むブドウを作らせ、そのタンニンを醸造過程で〝軽く〟取り出す。軽く、とは、ほかの構成分子とのバランスがよい、という意味だ。これがむずかしい。ワイン作りは試行錯誤ができない。しかも、毎年、条件のちがうブドウに直面する。醸造過程では新品の樫樽を使う。新しい樫の板から種類のちがうタンニンがでる。薬味だ。ワインに最後の味をつける」
「それで、なぜあなたがペトリュスなの。ほかの人が発見するのでなくて」と私。
「みんながバカだからだ。そう考える以外に理由《わけ》がみつからない」とロベール。
「ペトリュスは永遠にナンバー1か」私。
「わからない」ロベール。

翌日ベルエさんを研究室に訪ねた。

今回の目的は、作者ベルエさんの口から、いかにしてワインが作られるかを聞かせてもらうこと、ベルエさんの日常の実務に立ち合わせてもらうこと、その二つだった。ベルエさんは私の願いを気持よく受けてくれたばかりか、ペトリュス製造チームのほかの三人にも引き合わせてくれた。三人はベルエさん同様、各人が分担している仕事を案内してくれた。三人を紹介しておく。

ミッシェル・ジレ。三十五歳。ブドウ畑管理責任者。農林省技官として、しばらくワイン検閲を担当していたが、直接土に触れる仕事がしたくて七四年にムエックス社に入社。ペトリュスの粘土質の畑は、雨が降るとももまでぬかるという。収穫をとどこおりなく進めるのも彼の仕事。あぜのあいだを、ずっしりと象のように歩いてくる。ブドウ畑男だ。

フランソワ・ヴェイシエール。三十四歳。醸造倉庫責任者。つまり樽男。ポムロール村に生まれ、ポムロール村に育った。父親のジャンがペトリュス醸造倉庫の責任者だった。祖母のひざで赤ワインをしゃぶり、ペトリュス畑を砂場とし醸造倉庫でかくれんぼしながら大きくなった。十四歳から父親について仕事を覚える。すでに二十年。去年父親の跡をついだ。ブドウの木はみんな顔馴染み、愛らしい名前をつけているが、じつはみんな歳上だ。ブドウが倉庫に搬入されてから瓶に詰めて出荷するまでが樽男の仕事。

ジャンクロード・ベルエ。四十二歳。赤ワインソース、とくに大八つ目鰻《ランプロワ》の赤ワイン煮込みを好む生粋のボルドー人。弱冠二十二歳でムエックス社に迎えられる。以来二十年間〝ワイン醸造のウノローグ〟と、〝卸商のウノローグ〟二つの責任を果たして、ムエックス社が所有、または管理する十五の、上質の異なる畑から、毎年十五種の性格のちがうワインを作ってきた。名酒ペトリュス、トロタノワをはじめ〝作品〟は今日まで三百種。〝ワインは土だ〟といい切るワイン男。自身もサンテミリオンにワイン園ヴュー・シャトー・サンタンドレを所有している。

ワイン醸造のウノローグは、ブドウからワインを作る全過程に責任をもつ。卸商のウノローグは、利き酒専門家＋化学分析者だ。仲買人が卸商ムエックス社にもちこむワインを味見し、分析し、買い入れるか否かを決める資料を提供する。

クリスチャン・ムエックス。三十九歳。ＪＰ・ムエックスの次男。チームのまとめ役、全生産過程を指揮する仕事頭。金縁眼鏡蝶ネクタイのよく似合うイギリス風紳士だが、父親仕込みの、あくまで現場人。ムエックスではペトリュスを最高にするため、限りなくあるワイン作り一つ一つの工程を丁寧に総力をあげて完璧に行なう努力をしている、土から最高の部分を引きだす、積みあげた努力の結果がペトリュスだと語る。カリフォルニアにワイン園を所有。

パリへ帰った。ロベールに会った。旅の話をした。ロベール、イザベル、私の三人でレストランへ食事にいった。

日の前にペトリュス80年がある。

若い。まだ五年だ。グラスの中に赤いビロードがキラキラ輝いている。

トゥリュッフがかすかに匂う。

ロベールが、もうノートを取りおえた。

「丸い。80年がここまで丸いとは思わなかった」彼は自分にいい、またグラスをとった。

「ペトリュスは、どちらにしても丸いワインです」グラスを置いて、見守っている私に、両手で丸みを描いてみせた。

「ウイ」

「センシュアルです」彼はつけ加えた。

「センシュアル？　豊満にセクシー？」

私も口に含んだ。

「たとえば……絵でいえばだれの絵？」

「……ルノアール」

一瞬ルノアールはおもいがけなかったが、湯浴みをする若い裸婦の亜麻色の髪と光り輝く丸い肌が浮かんだ。それからベルエさんを想った。あの土を想った。いくぶん尖った小丘や、さわやかだったブドウ畑の風を想った。ペトリュスは土に染まった若い力強い伸びやかな感性、四人の男たちが太陽と〝鉄の土〟からくみあげた豊饒の水だ。真昼のブドウ畑に四人の男は立つ。深く色づいた青紫色の実を食べる。ブドウ完熟の頂点の時を探知する。今日午後摘みとり決行！　収穫する男女百二十五人。背景に醸造倉庫。マダム・ルバの水色の窓が晴れ晴れと明るい。

ロベールのノート（評価は20点満点）

ペトリュス80年

色：80年にしては良い。熟成開始。14・5点

鼻：大変センシュアル、やわらかい。茶色い砂糖、糖蜜、トゥリュッフ、萎れた菫《すみれ》、大変よい鼻、典型的ペトリュス。18点

口：丸い、大変絹、肉太い、ビロードだが僅かに量感に欠ける。アルコール度は予想より低い。余韻非常に長い、12〜13秒。典型的ポムロールの戻り香《アローム》。

80年産ワインとしては大変良い。17／20点

（85年11月）

シャンパーニュの村

五月のはじめ、シャンパーニュへでかけた。その日は私の誕生日でもあった。午前七時二十八分、パリ東駅からルクセンブルグ行きの急行に乗る。淡い陽ざしにゆられて一時間あまり、エペルネの町につく。このあたりは、いわゆるイル・ド・フランスの東側に位置する平原で、マルヌ河が東西にゆっくり流れている。両次大戦の激戦の地でもあった。エペルネからさらに北へ二十分足らず乗ると、微笑の天使の大聖堂で名高いランスの町がある。この二つの町がシャンパンの二大生産地である。一方のランスが、シャンパーニュ地方の中心地で、テキスタイルなどの産業もある都会であるに対し、エペルネはブドウ畑にかこまれた人口三万余の、シャンパンオンリーの町である。

だが汽車を降りてみると、ただの田舎町ではない。動きがある。車が多い。人の身なりがよい。男女とも、どことなくディオール風だ。さすが高級ワイン・シャンパンの町だと思ってみるが、それだけではない。なにかしら無視できない底力といったものが感じられる。駅前広場の第一印象というものは、案外と町の性格を物語るものだ。このちょっとした第一印象のナゾは、やがて有名なシャンパン・メーカーが軒を連ねる堂々とした並木のシャンパン大通りをのぼり、その二十番地に「モエテ・シャンドン」社を訪ね、案内されて地下醸造庫に降りたとき、あっけなく解けた。地上で目に映っていたものだけが、エペルネのすべてではなかったのである。

つまり、こうだ。

エペルネにはシャンパン・メーカーが五十社以上ある。大は年間二千二百万本を生産するモエテ・シャンドン社から家族経営手工業的規模のものまで、年間ざっと七千万本のシャンパンを作っている。

シャンパンは特殊なワインだ。炭酸ガスの泡の出る白ワインである。二回発酵させる、熟成期間が長いなど、人の手が随所に介入して作りあげる。〝人工〟のワインである。瓶に詰めてからも最低一年間は製造元の醸造庫に置くことが義務づけられている。これを怠れば「シャンパン」と呼ばれる資格がない。一年は最低で、三年、四年とゆっくり寝かせ、栓を抜かれる準備が完了してから地上へ送り出される。出荷イコール熟成完了、すなわち〝飲み頃〟である。この〝出荷〟イコール〝飲み頃〟もほかのワインとちがうシャンパンの特徴だ。生産年をラベルに明記するのは〝良いブドウ年《ミレジメ》〟に限る。その場合は、醸造庫熟成最低五年が義務だ。また、ブドウの出来がなみの年のシャンパンには生産年を入れない。

というわけで、シャンパン会社は地下に広大な醸造庫をもっている。このモエテ・シャンドン社の醸造庫は延々二十八キロメートルある。つまり東京駅から横浜まで。その二十八キロに約一億本のシャンパンがストックされている。はやい話、ボジョレ・ヌーヴォと比べてみよう。ボジョレ・ヌーヴォは九月にブドウを摘んで、同じ年の十一月十五日には新商品として消費者の手にわたる。シャンパンが高価な理由の一つは、メーカーの醸造庫で寝かせる、この長期熟成にある。

またこのシャンパン用醸造庫はやたらと深い。地下二十メートルからいちばん深いところでは四十メートルもある。気温は十度～十一度。ペニシリンを作るのと同じカビが棲息しているという。自転車と作業用カーが走っている。シーンと冷たく暗いこの迷路で迷ったら、どうなるかと不安になる。人間もヘンな動物だ。石灰岩をくり抜いては横につぎ足し、掘り足し、数百年かかって迷路を作って、それがエペルネの地下に五十五キロ、そこに三億五千万本のシャンパンが熟成の長いねむりについている。エペルネは、シャンパンの地下要塞をもつ町だったのである。天文学的数字はまだまだのびる。

シャンパーニュ地方にメーカーが百二十六社、醸造庫全長約百キロ、冬眠中のシャンパン、ざっと十億本。そして数字の行方は、地球上のどこかで二秒に一本のシャンパンが抜かれている……。

生産過程をつぶさにみせてもらったあと私は、待望の、もう一つの〝現場〟を訪ねた。

その現場というのは、エペルネの町から北へ四キロばかり走る。ブドウ畑を縫い、ブドウ畑をのぼりきった小高い丘の上にある。オヴォレ村のサン・ピエール修道院がそれだ。北緯四十九・二度にある。北にランスの低い山並みが連なり、眼下にマルヌ河のブドウ平野を一望する。シャンパンはこの丘で生まれた。元祖ともいうべきドン・ペリニョンは、四十五年間この僧院に起居した。彼はここでシャンパンを発見した。現在はシャンパン博物館になっている。

やはり来てみて、よかった。シャンパンを飲み、シャンパンという美しいワインの気質を味わうにつけ、私はどうしても一度その発明現場に立ち、その空気を吸ってみたかった。というのも、ペリニョン神父が、ここで、その誕生に手をおかしにならなかったら、現在のシャンパンは存在するまいと信じるからだ。そしてそのワインの色にも味にも、太陽の薄い北国の風土と感性をみてきたからだ。

ところでシャンパーニュ地方とは、現在のマルヌ県全体を、特にブドウ栽培をいうときに使われる。より正確には、ランス山岳地区、マルヌ河平野地区、白い斜面地区の三地区からなる。もともとはカンパーニュ（平原・田舎）、カンパニア（ラテン語でキャンパス）からきた言葉だという。その由来が示すように、シャンパーニュの中心地ランスはローマ時代以前からひらけた交通の要地だった。ブドウ栽培もローマ人がくる前から行われていた。エペルネの近くでブドウの葉の化石が発見されている。古い文献にはランスのワインやエペルネのワインが語られている。しかし当時はまだ平凡な辛口の白ワインだったらしい。しかも、白ワインといっても、いま私たちが飲む透明度の高い〝白〟とはほど遠く、色も、灰色、麦藁色、ピンクがかったもので、おそらく濁っていたのだろう。赤ワインも同様で、濃い透明な色を得るには十八世紀を待たなければならなかった。発酵・醸造など、万事、技術は未熟だった。

ただしかし、ランス、エペルネのワインには、もともと自然にアブクの出る性質があった。それは、この地方特有の石灰岩の土質と寒冷な気候による。

ワインは太陽と土と水の結婚だといわれる。まず太陽。シャンパーニュ地方は北緯四十九度にある。日本でいうと北海道をこえて樺太（サハリン）の南端にあたる。年間の平均気温が十度である。平均九度以下ではブドウは熟すことができない。モーゼルとドイツワインの一部を除けば、北緯四十九度は世界でもブドウ栽培の北限だ。次に土。だが幸い土質は石灰土（白墨）で、ブドウの根が栄養を摂る白墨は、適度の湿り気を残して水はけがよく、熱を保存する性質がある。最後に水。水はつまりブドウ、品種だ。シャンパーニュのブドウは北緯四十九度の気候、特に春先の凍結と開花期の低温をも生きぬく品種が選ばれている。

シャンパーニュのワインは石灰岩を含んでいる。春のはじめ気温が上昇すると、ワインに溶けこんでいた炭酸ガスが気化して小さな泡となって浮き上がってくる。冬の寒さから開放されたうれしさに、ワインはし残していた発酵を、思い出したようにもう一度はじめるのだろう。昔の人はその泡をワインの精だと思っていたらしい。

二回発酵する性質をもつ、この〃田舎〃の、無名の辛口ワインがいつ、どうやって華麗な発泡性ワイン〃シャンパン〃に変身したのか。

時は十七世紀後半、いよいよドン・ペリニョンの出現を待たなければならない。

ピエール・ペリニョン（一六三九〜一七一五）はベネディクト派の神父で、三十歳のとき、このオヴィレ修道院に管財人として赴任してきた。

通常はドン・ペリニョンの名で親しまれているが、ドンは師という意味で、ペリニョン師。ペリニョンお上人さま、ペリニョン神父とか、好きな敬称をつけてイメージすればいいだろう。ペリニョンはシャンパーニュ地方もドイツ国境に近い小さな町に生まれている。父親は〃奉行所〃の書記、一家は代々裁判畑の仕事に従事。ジェズイットの高校を出ると、十八歳でヴェルダンにあるベネディクト派の僧院に入った。そこで、エネルギッシュな改革派できこえた師のもと、厳格と静寂の中で三十歳までの十二年間、聖職者として心身の修養を積んだ。ここで注目したいのは、ペリニョンが成長した三つの環境、家庭と学校と僧院が、いずれも北緯四十九度に位置していることだ。こだわるようだが、シャンパンは北緯四十九度の風土と北緯四十九度の感性によって作られた北の酒だ。だからこそ、きらきら輝くあの泡がある。あの泡は、長い冬と寒い風景の中に生きる北国の人々が希い求めるお祭りであった。

さて修道院における管財人とは、租税官であり、かつ教区全体を管理・監督する経営者でもある。てっとり早くいえば宗教に関する以外のいっさいが管財人の仕事だった。

当時、ワイン栽培はヨーロッパのどこでもキリスト教、教会と深くかかわっていた。特にオヴィレ修道院では教区の大部分がワインを作っていたから、ワインの出来の良し悪しは直接修道院の財政にもひびいた。新進気鋭の管財人がその関心と情熱をワインに傾けるのは当然だった。

ドン・ペリニョンの傑出したところは、財政官の現実感覚、科学者の探求心、ワイン鑑定人の味覚、そしてヨーロッパの北の人の、厳格を自分に課すことのできる気質――を兼ね備えていた点だろう。

その頃、泡の出るワインは、〝悪魔のワイン〟〝栓をとばすワイン〟と呼ばれていた。ペリニョンはこのワインのメカニズムを解明してゆく。神父さまは村々の事情に通じている。どの村にどんなワインができるか。どの品種がどの村にあうか。なぜあの村のワインはうまいのか。品種と土壌とワインの味の関係をつきとめるチャンスも充分にあった。修道院の畑でブドウを作る。修道院の一隅を〝ワイン研究室〟に改造する。自分の手でワインを作ったばかりか、ワインを収める瓶や、よりよく泡をとじこめる栓にも研究は及んだ。そこまでなら、ほかの人にもできたかもしれない。だがなんといってもペリニョンがとんでいたのは、彼がそこから引きだした結論だ。

彼はまず〝泡〟を認めた。泡をひきうけた。つぎに泡の出るワインは赤やロゼよりは〝白〟のほうがよいと判断した。さらにその白ワインは、何種ものブドウを〝混ぜ合わせて〟作ったほうが、うまいと判断した。何種ものブドウとは、複数の品種と複数の産地・地域だ。ワイン作りは一つ畑から一つのワインを作るのが原則だ。いろいろな畑産のいろいろなブドウを〝混合する〟という方法をペリニョンはいかにして考えついたのか。こうしていま発祥地の丘に立つと、ブドウ畑の坂道を登ってくるペリニョンの姿が浮かぶ。骨格のしっかりした神父様は、ちょっと立ち止まって、かたわらのブドウの実をひとつぶつまれた。また次の畑で立ち止まってひとつぶ。ペリニョン式〝ブレンド〟ワインの発想は神父さまの口の中で発見されたのではあるまいか……。ペリニョンが三十歳から亡くなるまでの四十五年というまとまった時間をこの僧院に暮らしたことも、シャンパン〝発明〟には大いに幸運しただろう。

彼は次々に技術改革も行なった。

泡を閉じこめるためにはコルクが最適と判断、スペイン、ポルトガルから良質コルクを輸入した。ボルドーで発見された瓶を取りよせた。瓶を逆さにして暗いカーヴに保存する方法もみつけた。ブドウ畑、品種、圧搾、発酵、醸造、瓶詰め、保存、というシャンパン製造の全過程を慎重着実にチェックしていった努力が実り、約三十年後の十七世紀末から十八世紀初頭にはシャンパーニュ地方全域に〝ペリニョンのワイン〟と、ペリニョン式発泡性ワイン製造法が普及していった。

彼のすぐれた点は、シャンパン究明にとどまらなかった。販売宣伝の分野でも抜群のリアリスト感覚をみせた。

彼の生きた時代はブルボン王朝の最盛期と重なる。奇しくも〝朕は国家なり〟と豪語した太陽王ルイ十四世（一六三八〜一七一五）と生まれた年も死んだ年も同じである。

地の利もよかった。ヴェルサイユ宮廷に〝ペリニョンのワイン〟を売りこむ。当時宮廷で飲まれていたのは主としてブルゴーニュで、ロマネ・コンティやラ・ターシュが珍重されたいた。一七一〇年、クリスマス。満を持したペリニョンは、ルイ十四世主催の大晩餐会用に牛にひかせた大量の〝ペリニョンのワイン〟を献上した。七十二歳の太陽王は長い統治に飽き気味で、新奇なものをことのほか喜んだ。その夜の宮殿大広間に〝ペリニョンのワイン〟が派手な音をたてて栓をはじきとばす。招かれた各国大使、貴族たちは度胆を抜かれる。注がれたワインはパチパチと音を立て、目に耳に快い音を伝えた。飲む楽しさ、陽気さが増した。老太陽王は大御満悦である。〝ペリニョンのワイン〟はヴェルサイユ宮廷御用達、〝悪魔のワイン〟は〝王のワイン〟となった。

ヴェルサイユでの評判はあっという間にヨーロッパの宮廷にひろがった。

十八世紀、十九世紀のヨーロッパは宮廷外交の時代だった。十八世紀はフランス宮廷が、十九世紀はイギリス王室が時代をリードした。この両宮廷とも〝ペリニョンのワイン〟の大ファンで、宴会には泡のでるワインは欠かせないものになった。ヴォルテール、ラ・フォンテーヌ、マダム・ポンパドール、リシュリュー、タレイラン……歴史上の有名な人にも愛飲された。数多くの文学作品、詩にまで謳われた。名声はいよいよ高まり、需要が増すにつれて、いつしか、ペリニョン式発泡性ワインは、シャンパーニュ(仏)、シャンパン(英)の名で呼ばれるようになった。

こうして〝田舎《カンパーニュ》〟の無名ワインは世界の〝シャンパーニュ〟へと華麗な変身をとげた。

販売が伸び、資金が潤沢になるにつれ、シャンパンは時代時代の先端技術を導入し、洗練されていった。たとえば、スペイン、ポルトガル産のコルクの栓。炭酸ガスの内圧に耐える瓶。また比重計。砂糖を加えると泡の出がよいことは知られていた。しかし砂糖の量が多すぎると瓶が割れたり栓がとんだり、半数の瓶が割れるという事故も起こった。砂糖の量を正確にはかることができなかったからだ。一八〇六年比重計が導入されて、瓶詰めの際に加えるべき砂糖の量も知ることができるようになった。

しかしその後の科学の発達は、ペリニョンの製造方式を科学的に裏づけるのみだった。シャンパン製造の基本は変わっていない。

製法の特徴をあげてみよう。

第一に、泡。いかにして細かく軽くきれいな炭酸ガスの泡をワインから生ませ、瓶に閉じこめるか、に全精力が注がれている。全過程にわたって作業は入念・厳密をきわめる。

第二に、混合。さまざまな過程で、いろいろなものを混ぜ合わせる。

混合1はブドウの〈品種〉だ。品種は規則によって三種と限られている。黒ブドウのピノ・ノワール、ピノ・ムニエ、白ブドウのシャルドネだ。三種はいずれも早熟種。ピノ・ノワールはまろやかさと力強さ。ピノ・ムニエは野性味、シャルドネは繊細と優美を特性とする。品種の長所を上手に合わせることによって欠点を補い、より理想に近いシャンパンをめざす。グループ・サウンド的アイディアだ。

混合2は〈地域〉、すなわち天候と土壌いいかえれば太陽と土だ。同じシャルドネブドウでも、さんさんと太陽の照るブルゴーニュ地方と北緯四十九度のシャンパーニュ地方とでは、結果は同じではない。ブルゴーニュ産は優美で力強い。シャンパーニュ産は、酸味が強く繊細だ。寒冷な気候はちょっとした地形のちがいからブドウの味を大きく変える。地域の重要性は大きい。ランス山岳地方のワインはこく、マルヌ河岸平野は香りと豊満、白い斜面地方は泡と上品さ、で知られる。

各醸造元には、ネ（Nez鼻）と呼ばれるワイン鑑定人がいる。ネは、いってみればシャンパン製造の頭脳、味覚のコンピューターだ（モエテ・シャンドン社には五人のネがいるが、貴重な「鼻」たちは決して同じ飛行機には乗らない)。しかも、毎年かぎりなく同じ味でなければならない。ほかのどこにもない、つまりオリジナルで、鼻の味・目の味・舌の味が限りなく理想に近いシャンパンを作り出すために、品種と地域の特性を勘案しながら、二十種ないし三十種の異なるワインを選び出し、その分量をきめて混合、調合する。

混合3は〈砂糖と酵母〉。シャンパンは二回の発酵によって作られる。一回目の発酵はほかのワイン同様、樽の中で、二回目は瓶の中で行なわれる。一回目の発酵でブドウジュースはワインになり、二回目でワインはシャンパン化する。この二度目の発酵を促進するために、瓶詰の直前に砂糖と酵母を添加する。砂糖は同じ年の同じワインにあらかじめ溶かされている。これを抽出リキュールと呼ぶ。内部圧を五～六気圧にするために一リットルにつき二十～二十五グラムの砂糖を加える。酵母は特別に栽培された不純物を含まないものを使い、これが砂糖をすみやかにアルコールと炭酸ガスに変える働きをする。

混合4は、ふたたび〈砂糖〉だ。瓶の中で二回目の発酵をすませたシャンパンの中には澱《おり》ができる。この澱は、長い時間をかけて、最後は固形物にして瓶外に取り出す。その作業を〝吐き出し〟と呼ぶが、吐き出しによって生じた不足分をリキュールで補う。リキュールは、一部は同じ桶のシャンパン、一部は砂糖を加えた古いシャンパンを使う。この操作で、最終的に味が決まる。

砂糖の添加量の多い順に、甘口《ドゥー》（糖分約十パーセント）、半辛《ドゥミ・セック》（五～七パーセント）、辛口《セック》（二～四パーセント）、極辛《ブリュット》（二パーセント以下）ができる。調合は〝生地〟のシャンパンの尖りやいかめしさをやわらげ、口当たりをよくする。最近は〝完全・辛《ブリュット・アンテグラル》〟というまったく砂糖を加えないタイプも登場してきた。調合のときに赤ワイン・リキュールを加えたロゼ・シャンパンも作られている。色もほんのりやわらかく、主としてデザートのとき飲まれている。

シャンパン第三の特徴は、透明度と澄明度だ。この場合、透明とは色がつかないブドウジュースだけの色。澄明とは不純物を含まないことを意味する。美しい泡立ちのためには、透明と澄明がぜひとも必要なのだ。しかしこの要請は矛盾を含んでいる。

まずブドウの品種。ピノ・ノワールとピノ・ムニエは黒ブドウだ。皮は赤黒く、そのまま全部つぶして発酵させれば赤ワインができる。現にブルゴーニュの赤ワインは、このピノ・ノワール品種から作る。どうやって黒い皮から色を搾りとることなく、中のブドウジュースだけを取り出すか。シャンパーニュの人々は次のような方法を考え、規則として定めた。

広く浅い、容量四千キログラムの桶を使う。搾りは迅速に軽く、茎や種をつぶさない程度の圧力をかける。万一、皮が破けて赤いジュースがもれ出た場合は、すばやくほかのブドウのあいだをぬって下に落ちるようにしてある（実を傷つけてはいけないので収穫期が近づくとブドウ畑に入らない。摘みとったブドウを慎重にはこぶなど、あらゆる注意と防御法がとられている）。二千リットル搾ったら終了。この第一搾りのジュースは高級シャンパン用。次に茎や種がつぶれるまで圧力をかけて、三百リットル搾る。これは中級シャンパン用。さらに圧力をかけ、残り三百リットルを搾り出す。これは安物シャンパン、安物ワイン、工業用アルコールの原料になる。搾り滓《かす》は発酵させ蒸留し、コニャックに似た食後酒マール・ド・シャンパーニュを作る。

第一搾り二千リットルのブドウジュースは桶に集め、滓が下りるのを待ち、十数時間休息させる。上澄み液に硫化水素を加える。混入した茎や種カスが完全に底に沈む。澱を取り除くために再度詰めかえる……と、厳重に滓・澱を除去して、あくまで上澄み液だけを取り出す作業をくりかえす。透明度、澄明度を高めてゆく。美容整形というか、シャンパンがいかに厳しい変身の過程を通るかがわかる。

仕上げは、限りなくクリスタルへ、そして高貴だ。

シャンパンが二回発酵すること、その発酵が瓶の中で行われることはすでに述べた。この第二回目の発酵は一週間から二週間かけて、できるだけゆっくりと行なわれる。発酵後シャンパンは休息する。最低一年が義務、三、四年がふつうだ。シャンパン誕生にかけたこの時間の長さが、シャンパンの質を生む。発酵後の長い休息中に、瓶の中には、ワインが熟成することによって生じる澱ができる。澱取りが行なわれる。出荷約半年前に開始される〝回し〟と〝吐き出し〟作業がそれだ。

瓶（コルクの栓をし、針金がかかっている）は口を下にして、山型に組まれた木製の、丸い穴のあいた台に差しこまれる。これが〝回し台〟で、はじめ水平から少しずつ垂直に、最後は栓を下にまったく垂直に立てられる。水平から垂直に移動するあいだに、〝回し人〟が一日一回瓶を猛スピードでまわす。毎日小地震をかけて揺さぶるわけだ。この作業だけは機械化できない。揺すぶり出されて、澱は半年後に瓶の口にたまる。ワインは完全に澄む。いよいよ〝吐き出し〟。これもすばやい作業だ。瓶の口を瞬間的に凍らせる。澱を固型のアイス状にして取り出す。〝吐き出し〟で生じる不足分の補塡は、混合4で述べた。

アルコール度十二度のクリスタル・ワインの完成。二度目の栓は良質のコルクを三枚貼り合わせたマッシュルーム型。このうえなく頑丈なものだ。泡＝六気圧の圧力を閉じこめるための工夫が、ここでもしっかり行われている。ワインに直接ふれる円型の面を〝鏡〟と呼ぶ。鏡に〝シャンパン〟の文字が、ミレジメものには生産年も書かれている。栓の上に金属製のフタをし、針金で口輪をはめ、栓を固定。ラベルを貼って醸造庫に。さらに、五、六カ月休息ののち、出荷。味わわれるためのすべての準備は完了だ。

シャンパンの年間総生産量は約一億八千九百万本。フランスでの消費がざっと三分の二を占める一億二千五百万本。残りが輸出で、アメリカ、イギリスがほぼ同量、次いでベルギー、かつて一位のイタリア、スイス、ドイツ……の順。シャンパーニュと呼ぶことのできる畑面積三万四千ヘクタール、八四年実動面積二万八千ヘクタール。シャンパン・メーカー百二十六社。私が初っ端にドギモを抜かれた地下壕には発酵中・休息中・身支度中の美女三億五千万本（モエテ・シャンドン社四年間の全生産量）が眠っていたわけだ。シャンパンの二十五パーセントを生産するモエテ・シャンドン社のように〝ドン・ペリニョン〟ほか五種のシャンパンを作っている大メーカーもある。シャンパン消費は上昇中、生産も技術向上で上昇中とか。

長い工程だった。苦しくも美しい変身であった。おかげさまで旅は終わりました。ちょっと服を着がえて、われわれも一本抜きましょうか。

ソーに氷を入れて、六度から八度に冷やす。冷えすぎると味は味わえない。

グラスはチューリップ型が理想。口はすぼみ加減、底部が丸くふくらんだものがよい。たっぷりと量が入るし、必要以上に空気にさらされる心配もない。空気にふれると、せっかくの泡も味も急速に失われる。ほっそりと背の高いフルート型はエレガントだが、量が不足気味。美しいカットや模様のあるグラスはさけよう。立ちのぼる陽気な泡の眺めが台無しだ。グラスはよくよく磨くこと。洗剤が残っていると、泡が立つのをじゃまする。水気も然り。泡はすぐ消えてしまう。したがってグラスを凍らせるのも、もちろんダメ。

栓を抜く最良の方法は〝音がしないように〟だ。まず、かぶせてある〝紙〟を取り、左手で瓶の口のところを握り、親指で栓を押さえ、右手を瓶の底にあてて、ゆっくりまわす。栓はそっと抜けて、炭酸ガスが逃げる。まるで溜息をつくように――。

シャンパンはカクテルのベースやキールにも使われる。だが良質のシャンパンは、ほかのものを加えるには、あまりにも上品、繊細だ。食前に軽く、アペリティフには最高！　料理によっては、食事を通して飲む、よきワインでもある。だがやはり、そのままがよい。シャンパンは、それ自体で味わわれて最高に幸福なワインではなかろうか。

神父さまとその美しい泡に、乾杯！

（86年1月）

日本料理と十四本のワイン

ロベール・ヴィフィアンが十四本のフランスワインを持ってはじめて来日した。日本料理とワイン。はたしてワインは日本の料理にあうのだろうか。これがロベール来日の課題だ。ワインをたずさえて、彼は待望の食の日本旅行に出発する。日程は十日。同行の十四本は金十万円也。「異国の料理にくたびれたら遠慮なくいってほしい」というと、即座にロベール式明快がかえってきた。「詰めて食べればたしかに愉しみは少なくなる。しかしその分、料理は理解できる。僕にとって日本料理は未知だ。僕はワインの側から日本料理を食べることにする」。で、着いたその足で、私たちは神田神保町「鶴八」へと向かった。

さて、日本に選ばれてきた十四本を紹介してもらおう。

1　シャトー・グリエ82年・白
2　エルミタージュ80年・白
3　アルボワの黄ワイン78年・黄
4　ミュスカ83年・白

5　ゲヴュルツトラミネールＶＴ83年・白
6　リースリングＳＧＮ76年・白
7　アルザスのトケＳＧＮ76年・白
8　シャトー・マジャンス83年・白
9　ミュルソー・シャルム82年・白
10　ボーランジェＶＶ79年・白（シャンパン）
11　ロマネ・サン・ヴィヴァン76年・赤
12　ポマール・グランゼプノ71年・赤
13　シャトー・フォルティア80年・赤
14　コート・ロティ80年・赤

白ワインが十本（シャンパン一本と黄ワイン一本を含む）、赤ワインが四本だ。日本遠征にあたって、なぜこのメンバーを選抜してきたのか。ロベールの考えをきこう。

「選考の尺度は四つあった。

まず品種。ブドウの品種はワインの味を決定する。酸味。甘味。匂い。フランスを代表する、異なる品種からつくった十四種のワインを探した。

第二に地方性。フランスの主な生産地を代表させたかった。

第三に稀少性。せっかく持参するのだ。日本にはないと思われるワインを選んだ。つまりフランスでも簡単には入手できない。

第四に醸造方法。作られ方のちがう、従ってスタイルのちがうワイン、すなわち、静かなワイン、ドライなワイン、リキュール化したワイン（収穫の遅いワイン）、発泡性のワイン（シャンパン）、酸化したワイン（黄色いワイン）である。

同じ産地の場合は、僕が好きな生産者を選びました」

つづいてロベールは〝なぜこの十四本か〟個々のワインの氏・素性の説明にうつった。

1　シャトー・グリエ　Chateau Grillet　82　白。生産地コート・デュ・ローヌ。品種ヴィオニエ。白ワインのロマネ・コンティ。年産六千〜一万本の稀少ワイン。大料理人ポワンと大美食家キュルノンスキーが愛した。ひざまずいて飲むべし、と。日本にはまだ未入荷か？

2　エルミタージュ　Hermitage　80　白。生産地コート・デュ・ローヌ。生産者ショーヴ。品種マルサンヌ。新しいのよりは十年ぐらいのが好き。香りがよくなる、トリュッフの香りがでてくる。ショーヴ氏は伝統的製法で、強いワインを作る。フランスの強いワインの一つ、香りの強い料理にあわせられる。カレーに負けない唯一の白。なにかのときの安全にともってきた。

3　アルボワの黄ワイン　Vin Jaune d'Arbois　78　黄色。　生産地アルボワ。生産者ロレ。品種サヴァニヤン。ジュラの山に伝わる特殊な方法で醸造。収穫を遅らせ樫樽に六〜十年。ワインはふつう酸化をきらうが、これはわざわざ酸化。香りもブドウからくる自然のものではなく酸化の匂い。五十年はもつ。肉っぽい酒。

4　ミュスカ　Muscat　83　白。生産地アルザス。生産者マダム・ファレール。品種ミュスカ。ブドウの味をそのまま残す素朴なワイン。少し緑。甘く丸く香りもよい。アペリティフに。アスパラガスとは理想的。初心者向けだが僕は好きだ。

5　ゲヴュルツトラミネールVT　Gewürztraminer Vendanges Tardives　83　白。生産地アルザス。生産者マダム・ファレール。品種ゲヴュルツトラミネール。

6　リースリングVT　Riesling Sélection de Grains Nobles　76　白。生産地アルザス。生産者ユジェル。品種リースリング。

7　アルザスのトケVT　Tokay d'Alsace Sélection de Grains Nobles　76　白。生産地アルザス。生産者ユジェル。品種トケ（ピノ・グリ）。

アルザスワインは品種の名前がワインの名前。ドイツ方式だ。V＝収穫《ヴァンダンジュ》。T＝遅い《タルディヴ》。VT＝遅い収穫。ふつうは一カ月以上長くブドウ畑におく。香りと糖分が凝縮、ワインは黄金色に。当然、生産量は減少。だから高価だ。

ゲヴュルツはドイツ語でスパイス。〝ゲヴュルツトラミネール〟は枯れかけの薔薇の香り。甘みと酸味が太め、向こうから近づいてくる華やかに開いたワイン。〝トケ〟は蜜の香り。七六年は大ワイン年。三十年は保存可能。〝リースリング〟は前二者とちがい甘み、香りが少ないブドウを二カ月長く木におき、危険を冒して、〝貴腐《プリチュール・ノーブル》〟を待つ。S《セレクション》＝選択。G《グラン》＝ブドウの粒。N＝高貴《ノーブル》。

三本とも入手困難。日本には未到着か。

8　シャトー・マジャンス　Château Magence　83　白。生産地ボルドー・グラーヴ。品種セミヨンとソーヴィニヨン。醸造の方法がモダン。ドライ。香りが強い、ピーマンと火薬の匂い。酸味はサンセールより弱い。まろやか。今世紀はじめボルドーは甘い白ワインが圧倒的だった。いまは赤。バルザック、ソーテルヌを除いて、白はドライになった。このワインは二十年前に作りはじめて、十五年くらい前から知られるようになった。①ボルドーの白のモデルとして、②よくできている、③持ち主がダイナミック、三つの理由で持参。

9　ミュルソー・シャルム　Meursault-Charmes　82　白。生産地ブルゴーニュ・ミュルソー。品種シャルドネ。生産者ラフォン伯爵。シャルムの名前通りチャーミングなワイン。年産五千本。世界が希求するワインの一つ。伯爵は飲んで飲んで味わいつくして作る人。お金を積むだけでは売ってくれない。（一九八八年没）

10　ボーランジェＶＶ　Bollinger Vieilles Vignes Françaises　79　シャンパン。生産地マルヌ県アイ。品種ピノ・ノワール。百パーセント黒ブドウを使用、伝統的手法で作る力強いシャンパン。Vieilles は古い、Vignes はブドウの木。ＶＶ《ヴィエイユ・ヴィーニュ》は古いブドウの木。フランスのブドウは百年以上前に害虫フィロクセラにやられてほとんど壊滅。アメリカから移植した。ＶＶはその生き残り。ＶＶ二本からシャンパンが一本。一年に千本。過去十年では大ワイン年の71年73年76年79年にのみ生産、昔は醸造元が贈りものに使った。

11　ロマネ・サン・ヴィヴァン　Romanée-St-Vivant　76　赤。生産地ブルゴーニュ・ヴォーヌ・ロマネ。生産者ロマネ・コンティ。品種ピノ・ノワール。選抜理由①有名なワインの代表として、ブルゴーニュ赤の名酒の産地コート・ドゥ・ニュイから一本。②ロマネ・コンティ醸造製。③76年はよい年。〝ロマネ・コンティ〟より軽く、芳香の点ではやや劣る。

12　ポマール・グラン・ゼプノ　Pommard Grands Epenots　71　赤。生産地ブルゴーニュ・ポマール。

生産者ゴヌー。品種ピノ・ノワール。いちばん知られているブルゴーニュ（コート・ドゥ・ボーヌ）の赤の一つ。土地が広い。生産量が多い。だから有名。肉料理、ジビエに。

13　シャトー・フォルティア　Château Fortia　80　赤。生産地シャトーヌフ・デュ・パプ。品種は十五種類。十五種類の範囲内で何種でも可。アルコール度の高い赤。十三〜十四度。昔はよかったが現在はボルドーの中級ワインに匹敵。センチメンタルな理由で選んだ。シャトーの所有者ロワ・ドゥ・ボワゾマリ男爵はＡＯＣ確立と、そしてフランスワインの質に貢献した。故男爵に敬意を表して。

14　コート・ロティ　Côte-Rôtie La Landonne　80　赤。生産地コート・ロティのラ・ランドンヌ。生産者ギガル。品種シラ。がっちりしたワイン。若く飲むのは残念だ。長く寝かせてよくなる。いいボルドーとまちがえる。割安。見つからないのが玉にキズ。ラ・ランドンヌは新しい畑。捨てられていた畑を掘りおこして78年にはじめてワインができた。評判はひろがり、いまやスター・ワイン。

彼の日本旅行は魚でスタートした。

神田「鶴八」すしのカウンターに坐る。和服。赤いたすきがけの主人。五種のすしだねを五つのグループにわけて切ってもらう。ロベールはノートを取りながら健闘。「すしは栄養がつく。たっぷりした食べものだ。天ぷらやトンカツの、衣をつけて油で揚げる料理法は世界のあちこちにあるが、すしは日本のオリジナル。ここの親方はシェフでメートル・ドテルでショウ・マンですね……」とロベール。

「あたしはシェフではございません。職人です」とカウンター越しに親方・師岡幸夫さん。

「醤油ソースは一種類ですか。親方が作るのですか」

「買ったそのままです」親方。
「魚にはなにも手を加えない？」
「魚にもよりますが塩をします。甘みを引きだすのです。割った生酢で洗います。くさみを取るためです。鮮度がよくないと酢が濁りますね」

この夜、鮪、平目、縞鯵、鯖、小鰭《こはだ》、蛸、柱、赤貝、針魚《さより》、蝦蛄《しゃこ》、烏賊《いか》、水松貝《みるがい》、玉子、ふたたび針魚、鉄火巻、雲丹《うに》を食べた。

翌朝は六時に築地の中央卸売市場を訪問。世界一の魚市場に魚ショックはエスカレート。「築地の魚は目が大きい。丸い。張っている。パリの魚と輝きがちがう。鮮度の問題か。水温のちがいか。あの超大型ナイフは？　鮪切り!?　烏賊の美味は発見。蛸のおいしさは大発見。初対面の針魚に一目惚れ。きれいだ。骨までみえる。レントゲン・フィッシュ。マドモワゼル透明《トランスパラント》だ」

魚＝すしにワインをあわせる。

○鮪＝歯ごたえと脂肪が決め手。ミュルソー。モンラシェ。トケ。いずれも白。焼くならより強いワインを。

○烏賊＝フランスのより味がある。鮮度の問題か。ねちゃねちゃ張りつきまとわりつく。ドライなワインで切ろう。酸味のシャブリ、リースリング。香りがほしければサンセール。

○平目＝身のしまった白身。味は強くない。香りの強すぎない白。シャブリ、ムスカデ、リースリング。

○縞鯵＝舌ざわり佳し。脂あり。エルミタージュ。プイイ・フュイセ（ブルゴーニュ白）。トケ。脂の多い魚は味があとに残る。だから太めのワインをあわせる。力には力をだ。
○鯖＝縞鯵に同じ。
○小鰭＝縞鯵に同じ。
○針魚＝フランスにはない。透明。デリケート。甘み。美しさ。まだ酵母の匂いのする非常に若いドライな白。シャトー・レイノン（ボルドー白）。
○赤貝＝甘み、ヨードあり。シャブリ、リースニング、サンセール。
○小柱＝甘み、身がしまっている。シャサーニュ・モンラシェ（ブルゴーニュ白）。エルミタージュ。
○雲丹＝甘い、むにゃっとする。コルトン・シャールマーニュ（ヴァニラの香りあり。ブルゴーニュ白）
○蛸＝上等の海老の味。胡桃の味。蟹の味。ミュルソー。モンラシェ。
○玉子＝甘いオムレツ。トケ。フランスではふつう玉子には水。
○鉄火＝鮪が脂っこいならプリニ・モンラシェかミュルソー。軽い脂ならシャサーニュ・モンラシェ。
すし全コースを一本で通すなら、シャブリ・グラン・クリュ百フラン＝いちばん容易な組み合わせ。

理想をいえばシャサーニュ・モンラシェ二百フラン。値段の安さをとるならリースリング五十フラン。


銀座「浜作第二」。

この店のカウンターに坐ると料理の方法がよくみえる。日本料理二日目のロベール。できあがった順に料理が運ばれる。あれをつまみこれをつまみつつ酒を飲む。
○河豚《ふぐ》刺し→シャブリ。

○白子↓ブルゴーニュ白。プリニ・モンラシェ。
○鯛の刺身↓アルザス白。トケ。
○煮もの＝湯葉↓若いブルゴーニュの赤かボジョレ。
○牛肉葱巻き↓ブルゴーニュ赤。ポマールかヴォルネ。
○鰤《ぶり》の塩焼き↓ブルゴーニュ白。ミュルソーかクリオ・バタール・モンラシェ。
○鰤の照焼き↓ミュルソー・プルミエ・クリュかビヤンヴニュ・モンラシェ。
○芥子菜おひたし↓アルザス白。ミュスカ。

赤坂「楽亭」天ぷら十二コース。
滞在三日目。今夜はシャトー・マジャンス、ボルドーのドライな白を選んで持参する。
○海老＝持ちこみのマジャンス五十フランが問題なく合う。
○鱚《きす》＝デリケートなのでワインはやや弱め。シャサーニュ・モンラシェ。シャブリ・グラン・クリュ。ミュスカデ。
○穴子の骨＝少々強い。がっしりして丸く香りは少なめの、エルミタージュか、シャトーヌフ・デュ・パプ。
○酒粕＝バナナの匂い。イギリスのドロップ。イーストの匂い。大ワインはあわせたくない。ボルドー白でシャトー・レイノン。
○蕗《ふき》の薹《とう》＝強い香り、苦み、そのあとに甘み。マジャンスは大胆な難しい組み合わせだが成功だ。ワインがよい、蕗の芽がよいというだけでなく、この握手は1＋1＝3。新しい喜びを生んだ。アルザスのピノ・ブラン、ブルゴーニュ白のアリゴテも可。中性質で軽いワインが大変特殊な蕗を生かす。
○平貝＝フランスのよりドライだ。シャトー・グリエ、コンドリュー（コート・デュ・ローヌ白）なら豪華。マジャンスもOK。
○慈姑《くわい》＝軽い甘み、歯ごたえあり、味は軽い。マジャンスは少々苦戦だ。甘みに対するならリースリングVT（アルザスの収穫の遅い白）。
○めごち＝白身。ロワール地方の天ぷらを思い出す。マジャンス。いい酸味をもつコルトン・シャルマーニュ（ブルゴーニュ白）。
○穴子＝上品、しなやか、ふっくら。力量のある力強いワイン、ミュルソーかモンラシェ。
○生椎茸に卸したタロ芋＝ほとんど肉だ。フランスでも茸はクライマックスに出す。秋のセップ（珍重される茸、フランスの〝松茸〟か）はステーキだ。ボルドー、メドックの赤。
○三つ葉＝菠薐草《ほうれん》より弱いからブルゴーニュ白のペルナン・ヴェルジュレス。
○天茶・小柱のかきあげ＝ゲヴュルツトラミネールの古いの、例えば73年。このワインの酸味が有効。お茶の芳香と枯れかけの薔薇の匂いは唱和だ。
　帰途ロベールは語る。新鮮な魚は味がはっきりしている。曖昧さがなければ問題は減る。結婚の方程式は簡潔になる。ソース＝つけ汁は甘い、塩辛い、心配したが香りの弱いワインをあわせて解決。赤ワインと魚。やはり赤は魚に強すぎる。この場合、魚がマイナスを負うのでなく、魚のヨードが赤ワインのタンニンにマイナスの作用をする。ワインか日本酒か。僕はワインだ。酒は一色、ワインは多面だ。赤、白、静かなワイン、泡のワイン、ドライ、とろみ、甘み。さまざまな芳香。フランス料理の成功は種類の豊富なワインがあるからだ。また一種のワインでも生産年によって味がちがう。だから今夜の十二品に生産年の異なる十二本のシャトー・マジャンスを選びだすこともできる。ワインにはこんな遊びもある。

新宿「オンドリ」で焼きとり。

まずレバ刺しがでた。そのときのロベールの驚きをスローモーションで再現すると、目玉をぐるりと一回転させる。そのものを凝視。「えッ!? レバのなま!?!?!?!?」彼は箸をとる。「こ・れ・は!う!ま!!い!!!」「ワインは?」「ボルドー白・ソーテルヌ。ソーテルヌ以外は考えられない」「ほかの可能性は?」「ソーテルヌならだれも異論はないだろう。文句のつけようがないはずだ」「ソーテルヌって、フォアグラにあわせるとろっと甘い?」「ゲヴュルツトラミネールVTもいけそうだ」

焼きとり(正肉)、もつ焼き、葱と皮つき肉のはさみ焼き、皮焼きは塩、ささみは山葵《わさび》焼き、そして、つくねを食べた。

○焼きとり(正肉)=軽く酸味のあるボジョレ・フレ。

○もつ焼き(心臓と胃袋と肝臓《レバ》)=力のある赤。ブルゴーニュのポマールかシャンベルタン。たれ《ソース》つきならコート・ロティ。

○はさみ焼き(葱と皮つきの肉)=ボルドー赤。ポムロールのラ・トゥール・ドゥ・ポムロール。

○皮焼き・塩=ボジョレ・フレかアルザス赤でピノ・ノワール。

○ささみ・山葵焼き=ボジョレ・フレ。

○つくね＝ボジョレ。メドック。少しがっちりしたワインでシャンボル・ミュジニィ（ブルゴーニュ赤）。

「今夜の焼きとりコースのための一本は？」

「メドック（ボルドー）かブルゴーニュのあまり強すぎない赤、ヴォルネかな。選択の方法は二つある。①無難で気軽な選択。②心配はあるが、あえて危険を冒す選択。前者ならボジョレ・フレ。後者の危険な選択はヴォルネだ。ブルゴーニュでいちばん軽いワインの一つ。かなりデリケートで高価だ。だからもし失敗したらと思ってしまう。しかし鶏には軽い赤がいい。肉が白い。明るい。鴨肉のように濃くないから深い赤より明るい赤だ」

翌日は鰻。麻布「野田岩」へ。

お通しに鰻の煮こごり、白焼きどんぶり、蒲焼き、きも焼き。料理がかわるごとにロベールは明確な答えをだしてゆく。

「鰻は重い。強い。はっきりしたワインが必要だ。一本なら料理の強さに対してミュルソー・シャルム。日本酒は一般に重い。おなかにたまる。飽きてくる。脂に対して無装備ではないのか。ワインは洗う。自然の酸味が脂を洗うのだ。酸味で選ぶならロワールの白からクーレ・ドゥ・セランかジャニエル。ところで、きも焼きは魚だが、これは絶対に赤。ボルドーの赤か、コート・ロティだ」

○お通し・鰻の煮こごり＝ゲヴュルツトラミネール。

○白焼きどんぶり・山葵＝ブルゴーニュの強い白。シャブリ・グラン・クリュかコルトン・シャールマーニュ、またはシャサーニュ・モンラシェ。
○蒲焼き＝プリニ・モンラシェ。エルミタージュ。シャトーヌフ・デュ・パプ。トケ。

次の日は夕方、上野の「蓬莱」へ。

カウンターでとんかつを食べる。「お総菜的豚肉料理だ。店の雰囲気も気軽。ワインも若くてカジュアルな赤。ボジョレ・フレ、コート・デュ・ローヌ、シノン、ブルゲイユなど」

新橋「美々卯」で、うどんすきも食べた。材料は種類が多いが味は強くないので、軽い白。プイイ・フュメかサンセールかシャブリ。


ワインと料理のあわせ方について。

僕の場合、目でみるか、匂いか、舌か、まずその料理の中に支配的な要素をみつける。ぱっとはっきり訴えてくる色か香りか味がみつかればワイン解決は簡単だ。その色か香りか味に類似する要素をもっているワインを探せばよい。時には相反発する要素で組み合わせることもありうる。むしろ色・香り・味ともによい、と三拍子そろっている料理は特徴がみつけにくいため逆にワインの選択は複雑になる。

類似による方法を例をあげて説明しよう。同系色の濃淡で衣裳をあわせるのと同じだ。
1　目による判断。aグリルした魚。若い白。たとえば鮭ならマコン（ブルゴーニュ）。品種はシャルドネ。bグリルした魚＋ソース。ソース（バタとクリーム）が加わるため少々リッチでガッチリで、ちょっと古いワイン。同じ鮭でもミュルソー（ブルゴーニュ）。品種はシャルドネ。考え方は、軽い魚→軽いワイン。白い魚↓白ワイン。身の色が濃くなる↓色の濃いワイン。色の濃い白ワインはないから↓強いワイン、古いワインとなる。肉の場合も同じだ。肉はふつう赤い。赤い肉↓赤ワイン。肉の色が濃くなればワインは濃くなる。たとえばジビエ↓色の濃いコート・デュ・ローヌかボルドーの古い赤。目でみた色で決める。匂いや味より色であわせる人が多い。

2　匂いによる判断。たとえばジビエに古いブルゴーニュ。ブルゴーニュの赤は色はうすいが古くなると獣《アニマル》の匂いがでてくるのがその特徴。ジビエは、その獣にワインの獣という類似を取る。また魚の匂いとワインの香りは一見いっしょではない。しかしムスカデやシャンパンのようにある種のワインにはヨードの匂いがある。そこで共通要素のヨードが海の幸をムスカデに結びつける。

3　舌ざわり、固さ、味、脂っこさによる判断。フォアグラにソーテルヌを合わせる。ソーテルヌはボルドーの甘い白。甘みのために密度が濃い。とろんとしたワインだ。脂肪九十パーセントのフォアグラは舌にのってやはりとろん。二つの共通項は、このとろんという質感だ。

さて料理とワインの共通項はみつかった。たいてい四つか五つかのワインの可能性があるものだ。たとえは生牡蠣《がき》に、モンラシェ、シャブリ・グラン・クリュ、ムスカデ、ふつうの白、この四種の白ワインからさらに一本を選ぶ。そのときの考え方は①一番よくあう、そしていちばん高価。これは百パーセント安全で、しかも格がある。権威《プレステージ》の選択だ。牡蠣におけるモンラシェがそれ。②危険の選択もありうる。下手をすれば失敗するかもしれないが、リミットぎりぎりまでいって発想のおもしろさをとる。たとえば赤貝に赤ワイン。理論的には矛盾がある。が料理法とワインによってはあわせうる。牡蠣と赤ワイン。ふつう牡蠣は白だがサラミをそえる。牡蠣＋サラミ＋赤ワインなら可能だ。

僕はフランスには美食におけるヒエラルキーがあると思う。美食の第一条件はワインだ。

a　料理とワインが両方ともよい。最高だ。

b　料理がよくてワインが劣る。よくない。

c　料理は劣るがワインがよい。許される。

なぜか、まず値段。料理はせいぜい千フラン止まりだが、ワインは四千～四万フランの選択がありうる。次に衛生的にいって、おいしくない料理は〝メルド！〟（糞）、おいしくないワインは〝ピピ！〟（おしっこ）のようだという。オシッコのほうが糞より清潔でしょ!? 三番目は判断と経験。ワインは一回、二回と飲み重ねて客観的に、より科学的に判断できるが、料理は一回きりの経験だ。という理由でワインの選択はむずかしい。

ワインの側からさらにいえば、レストランでまずワインを選び、それにあわせて料理を選ぶ。料理に使ったワインを食事にも飲めば、これは理想だ。しかし煮込みにシャンベルタンはもったいなくて使えない。だから「料理に使ったワインを飲む」と大ワインを飲むチャンスはなくなっちゃう！　ワインがよすぎることはない。いいレストランへゆくのも、素人には入手不可能ないいワインがあるだろうと期待があるからだ。

ワインが大ワインになると料理との組み合わせが難しくなる。ペトリュスの醸造元に食事に招かれるとローストビーフしかでない。簡単な料理がでるのはワインに重点をおくためだ。料理が単純なほどワインとの結婚はやさしい。鯛の刺身とプロヴァンス風の鯛料理を比べればよくわかる。刺身は魚＋山葵＋醤油。プロヴァンス風は魚＋香草＋大蒜《にんにく》＋オリーヴオイル＋胡椒＋……。ワインからみれば刺身のほうがずっと簡単な結婚相手だ。リエーヴル・ロワイヤル（野兎の王朝風）という料理がある。人は大ワインをあわせたがるが、それはまちがいだ。大ワインに強固な料理（野生の肉＋血＋フォアグラ＋香辛料等々）は喧嘩するのだ。

京都へ発つ。富士山をみたいというロベールのねがいがかなったのか、そのとき雲が流れて富士が顔を出した。ストリップだ！　ロベールは跳び上がって喜んだ。米原あたりはうっすらと雪。畑に氷が光る。やがて京都。祇園の「千花」へと急いだ。日本一の日本料理を食べさせるという店。ロベールは白木のカウンターの客となる。ワインは持っていかなかった。檜のカウンターは七席。電灯が五個。入口からみると逆L字形に主人を囲む。「いらっしゃいませ」主人のぎょろりとした目がこちらの胃袋のぐあいまで診る。

①まずは林檎なます。

「中のおなますを召し上がったら、器の林檎も少しスプーンですくって召し上がってください」と主人。なますは大根、人参、皮をむいた白胡麻。林檎に麹の香り。シャンパンにもその香り。シャンパンはアペリティフに、オードブルによい。このワインのＴＰＯと麹の香りの類似にロベールはシャンパンという。ソーヴィニヨンかセミヨン品種から作ったボルドーのドライな白もＯＫ。

②はじめての数の子に対しては視覚から入った。数の子の粒つぶとシャンパンの泡をあわせた。食べた。はぜた。露地奥の小さな店に数の子がひびいた。音とシャンパン！　音には音だ！　未知から未知へ、ロベール・コンピューターは作動した。瞬時の答えはボーランジェＶＶ、強いシャンパンを引き出した。

そしてからすみ。鰡《ぼら》の子だ。味はやや強い。とける。自家製。いま、という乾き加減まで待った。比較的ドライで比較的強い白。シャブリ・グラン・クリュ。

③焼き蛤。鋭角。焼き加減の妙。デリケート。大料理ではないが風格のあるワインがほしい。シュヴァリエ・モンラシェ、シャサーニュ・モンラシェ、ミュルソー・シャルム（いずれもブルゴーニュの白）。

④平目の皮とえんがわの塩焼き・大徳寺納豆。皮はカリカリ、北京ダック。えんがわはやわらかい。歯ざわりのコントラスト。「一切れではさめますので」、と一切れ。すごい料理だ。マスターピース！　大ワイン！　モンラシェがよく似合う。ブルゴーニュのナンバー1。シャトー・ディケムと並ぶフランス白ワインの双璧。のど越し、色、こくを完璧に兼備する。よいモンラシェは年間生産三千本。その一本を手に入れるのは、年産五万本のペトリュス一本より二十五倍困難とロベール。

⑤「雪ごもり」のお椀。

「蓮根しんじょに、花びらもち、雪ごもりでございます」

黒いお椀は季節の照映。いま水面に落ちた淡雪がうすく凍ったのか。氷の下に春が息づく。湯気が立った。柚が香った。「アロマティックでノーブルだ」ロベールは両掌にお椀を押しいただく。「蕪が薄く切ってあります。京人参に牛蒡《ごぼう》。今日のしんじょは蓮根です。一月ですからおもち。緑は菠薐草《ほうれんそう》のお軸です。雪がとけたら青葉があるんです」ロベールは日本料理の極限をみたのか黙っている。主人も無言でじっとロベールの表情を見守る。静けさがひろがる。部屋の明かりがまたたく。ワインはトケ（アルザス白）。古都の雅がワインを誘う。

⑥細作りは平目・京人参と山芋。

「醤油か、こちらはえびすめを細かく刻みました。どちらでも好みであわせてみてください」シェフの醤油ソースで食べるならゲヴュルツトラミネール。えびすめとならトケ。「平目にはなにか手が加えてありますか」「塩を打ちました。魚の水分を除くんです。香りと脂がでます。火を入れたのと同じ仕事ですね。塩加減はステーキの焼き加減とお考えいただければいいのです」

⑦お猪口に盛った七つの料理。

「この小さな盆栽には食べる順序がありますか」「生湯葉からはじめて、次は百合根、あとはお好きなように」

a平目の西京漬け。漬けて四日目のえんがわ。同じ平目がなま。塩焼き、西京漬け！　甘い。脂。フルーツジャムみたい。この味と質感に対してソーテルヌ（ボルドー白。甘いワイン。フォアグラにあわせる）かトケVT。

b生湯葉。栗のピュレを思い出す。海苔の香りはスモーク。きざみ葱が刺戟。ややドライな白。エルミタージュ。

cこのわた。これは何ですか。ナマコ？　フランスは〝海の胡瓜〟その臓物!?　よし最強烈には最強烈を。どんなワインも太刀打ちできない食物にはシャトー・シャロンで対決。特殊な方法でジュラの山でつくった黄ワインのアルボワよりもひとつ強豪。もひとつ高価。大蒜《にんにく》＋バタで料理するブルゴーニュ風エスカルゴや黄ワインで煮込んだ雄鶏など土地の料理と飲む。

d赤貝のわたとえのき。アルボワ黄ワイン。

e百合根に梅肉一点。淡い苦み、そして甘み、とける、やさしい、香りもそれほど強くない。リースリング（アルザス白）。

f黒豆。トケＶＴかリースリングＶＴ（アルザスの収穫の遅い白）。

g芹《せり》の白胡麻あえ。白胡麻の炒った香り。芹の香り。ボーランジェＶＶ、長く寝かせるとスモークの香りがでてくる。香りと香り。
⑧鮪の塩焼きに干し柿。
とろの塩焼きは脂。強い。干し柿はやわらかくて甘い。塩焼きだけなら、シュヴァリエ・モンラシェ。柿といっしょなのでモンラシェ。
⑨蕪蒸し。
「京都地方の野菜料理です。今日は銀杏、百合根、木耳《きくらげ》、穴子を入れて差し上げました。山葵ごと、ぐるっと混ぜて上がってみてください」と主人が説明。引いた葛の感触。さまざまな素材。山葵は辛い。切るワイン。そしてドライ。サンセール（ロワール白）、格を探すならエルミタージュ白。
⑩酢のもの・キウイと赤貝。
これはシェフのクリエーションですね。僕にもわかる。キウイは日本にはなかったはずだから……。レモン。赤貝は甘み。コリコリした歯ごたえ。牡蠣よりずっと強い海の香り《ヨード》。牡蠣にはサンセールかシャブリ。だから赤貝はシャブリ・グラン・クリュ。
⑪白蒸し（柴漬けと紫蘇の葉）。
フランスでは野菜はワインにあわせない。
⑫デザート　フルーツカップ（林檎とオレンジと紀州蜜柑のジュース）。

「柊家」に帰った。千花の食事はちょうどフランスの食事の時間と同じ三時間だった。彼は檜の風呂をたのしみ、宿の丹前に着替えた。座敷の天井、壁、柱、障子、襖、畳の優しい日本の調和の中にくつろいだ。

翌日ロベールは柊家に千花の主人・永田基男さんを迎えた。机には四本のワインが並んでいる。彼はやはりペトリュスをもってきていた。このワインのコレクターとして今回もってきたのは71年。そしてデギュスタシオンは午前十時にペトリュス（ボルドー・ポムロール赤）からはじまった。つづいてボーランジェVV（シャンパン）、アルザスのトケVT白、アルボワの黄ワイン。モンラシェがなくてほんとに残念だったと彼は悔やむ。ペトリュスとモンラシェ、フランスワインの最高峰を赤・白並べて賞味してほしかったのだろう。グラスはわざわざフランスから持参した正式の試飲《デキュスタシオン》用を使う。

「もう十二時半ですか。ロベールさんにお会いできて心からうれしゅうございました。それにしてもペトリュスは驚きでした。これでワインについては充分納得がゆきました。すごいものを知りました。日がたつと思い出は大きくなります。不幸もいっしょについてゆくと思います。幸、不幸は同時です。ロベールさん、あなたの味の記憶はすばらしい」

「それがデキュスタトゥールの条件なのです」

当然そうにロベールが答える。

「日本料理とワインはあうと思われましたか」

「ウイ。予想以上です。日本料理はワインにあう料理です。日本料理はワインを邪魔しないのです。フランス料理より、むしろワインにあう料理だと考えます」

京都には三日滞在した。もちろん錦市場へもいった。肉、魚、焼いたもの、煮たもの、揚げたもの、干したもの、なんでもある。日本人の食の細やかさにあきれた。それから「三嶋亭」のすきやき（甘い味。強い味。脂あり。だからボルドー・メドック・クリュ・ブルジョワ。大ワインならサンテミリオン、ポムロール、ポイヤック産を）、最後に「いずう」の鯖ずし（ロワール白のムトン・サロン。マコンの白。アルザスの白シルヴァネール。ブルゴーニュの白アリゴテ）を買って新幹線に乗った。

ロベールはこの日本旅行を次のようにしめた。

まず、日本料理は調和の料理だ。攻撃的であるよりはやわらかさを、コントラストよりはハーモニーを取る。次に種類が豊富だ。大蒜を使わないことも特徴の一つ。

なぜ日本料理はワインをじゃましないのか。日本料理の主役は魚だ。魚にはほとんど赤はいらない。魚は刺身が主だ。刺身は、魚＋山葵＋醤油だ。フランス料理は一皿にいろいろな素材が入っている。フランスのワイン通の中には素材の数だけワインが必要だという人もいる。そうなれば〝一皿に一本のワイン〟はすでに妥協だ。五皿に四十本ということがありうる。実際には不可能だ。その点、日本料理は構成要素が少ない。しかも魚における味のちがいは、肉におけるちがいほど大きくない。肉を例にとれば、牛と羊と豚と兎と鹿と鶏と鴨というぐあいだ。

懸念した醤油はあまり目立たなかった。ワインは植物だ。バタは動物だが、醤油は植物だ。味が強くない。植物どうしの、ワインと醤油の問題は解決できるだろう。

ところでクリエーションとは、いい意味でびっくりさせることだ。その点千花のシェフ永田さんは、まちがいなく世界で何人という料理人だと思った。フランス料理界に探すなら、僕の尊敬するミシェール・ゲラールだ。ついでながら、よい料理を食べさせてもらうには、その料理が好きだと料理人に思わせること。これは僕の、料理を食べる側にたっての条件です。

もう一度来日するなら今度の十四本は選びなおそう。①ミュスカはいらない。②赤は減らす。③九十パーセントは白。白はブルゴーニュとアルザスから選ぶ。そしてもう一度、僕はロマネ・コンティのモンラシェをかかえて京都へゆこう。あの「雪ごもり」をみに。

（86年12月）

モンラシェのおじいさん

プリニ・モンラシェ村。

ホテルは「ル・モンラシェ」に宿をとる。真冬の二月初旬、こんな時期に泊まる客は、どうやら私ひとりらしい。このホテルも、一昨日から再会したばかりだ。ブドウ畑のよくみえる西側の部屋に荷物をといて一階のダイニングルームにおりた。ここにも人がいない。季節ならば、ドイツ、オランダ、ベルギー、イギリス、アメリカからもでかけてくるワインの買付業者たちで、この大レストランはごったがえしている。入るのに気おくれするほどだ。テーブルからもワイン情報しかきこえてこない。私はさっそく〝ブルゴーニュ風エスカルゴ〟とブルゴーニュのワインで煮込んだ〝コック・オ・ヴァン〟をオーダーした。今朝パリを出るときから頭にあったメニューだ。ここのエスカルゴにはバタとニンニクのほかに、シュヴァリエ・モランシェの澱《おり》が味付けに使ってある。シュヴァリエはもちろん、この村の白ワインだ。その醸造元はホテルの隣にある。澱というのは、ブドウジュースが発酵するとき樽底にたまる沈殿物だが、とろとろのワインといったほうがよさそうだ。このできたての生《き》の銘醸酒がエスカルゴの味をみごとにかえてしまうらしい。ワイン村ならではの、ご馳走だといえよう。

ホテルを出る。私はこれからお隣のシャサーニュ・モランシェ村にエドモンド・ドゥラグランジュさんを訪ねる。おじいさんを訪問するのはこれが四度目だ。まるで雪でも降りそうな空だ。さきほど駅から車をひろってボーヌのワイン街道を下ってきたが、途中ポマール、ヴォルネ、ミュルソーの村々の、斜面の畑はうっすらと雪をかぶっていた。くるかもしれない。

ホテルの前は村の広場だ。五十本あまりのマロニエの大木が整然と等間隔に並び、鉛色の空にゴツゴツした幹をさらしている。この季節の木ははだかなので、こんな冬空を背景にすると、私のような素人にも、手入れのゆきとどいているさまが、ひと目でわかる。ブドウ栽培の過程に剪定という大切な作業があるが、ハサミの冴えが広間のマロニエにもおよぶのだろうか。

広場をまっすぐぬける。

人っ子ひとり、いない。

醸造元の高い白い石塀にそって歩く。

ものの数分でブドウ畑に出る。

一本道を、どんどんまっすぐ歩く。道はゆっくりと上りだ。丘の斜面の畑が近づき、やがてそのふもとに「モンラシェの十字架」がみえてくる。

十字架は私の道しるべだ。昨年、世界一の白ワイン、モンラシェの畑をさがしてこの一本道をきたときも、あの十字架が目じるしになった。高さ三メートルばかりの石造りだ。赤茶けた苔が、錆がついたように上のほうまではいのぼっている。湿気が多いのだろうか。いつ建ったのかときくと、ずーっとあったと村の人は異口同音に答える。いまでは私のブルゴーニュの基点だ。

その一本道は十字架のところで県道113号とTの字に突きあたる。モンラシェの道とも呼ばれている。仮舗装の田舎道だが丘のすそをぬいながら、ふもとのワイン村をつないでいる。右へゆくとプリニ村を通ってミュルソー村へ通じる。左へ折れるとシャサーニュ・モンラシェ村へ、一・五キロだ。シャサーニュの村は傾斜のぐあいで隠れてしまって、ここからはみえない。そういえば村からくる人は途中まで自転車を押してやってくる。傾斜は複雑で意外にきついのだ。

私は十字架と並んで、Tの字のつけ根のところに立っている。ぐるっと三百六十度がブドウ畑だ。丈の短いはだかの木が行儀よく植わってうねを作り、うねは集まって小さな畑を作り、その一個一個をあぜ道がふちどっている。細長いもの、横にひろがるもの、途中でカーブを描いて曲がっているもの、いびつな三角形、いろいろな形をした畑の細片はつなぎあわされてひろがり、広い広いパッチワークの世界を作りあげている。ふと絣《かすり》を思う。いや、ちがう。きっと土の色だ。ブドウの木の色だ。この木と土は保護色ではないのか。遠くで一色にとけあってしまう。この冬のさなかにもやわらかく明るい。ワインを口にふくんだとき一瞬にして世界が変わる、あのたのしさだ。

いま私は、モンラシェの銘醸園の真っ只中に立っている。ここには「モンラシェ」を筆頭にして、世間での評価の順に「シュヴァリエ・モンラシェ」「バタール・モンラシェ」「ビヤンヴニュ・バタール・モンラシェ」、そして「レ・ドゥモワゼル」などがある。ブルゴーニュのブドウ畑の中でも畑序列の最高位に属するこれらの畑から、同名の名酒が作られるのだ。それにしても、見聞きするその名前の大きさと、目にする畑の小ささとあまりのさりげなさに戸惑いを感じている。ところでこれらの呼称だが、地元の習慣にならって、まずモンラシェは「大モンラシェ」と、あとの三つについても、それぞれ「シュヴァリエ」

「バタール」、「ビヤンヴニュ」と呼ぶことにしよう。

　まず「大モランシェ」は、私の位置から県道を左へ約二十メートルゆく。そこを基点に、西に約百メートルあまり、それを縦軸に、南へ約七百メートルを横軸にとった細長い矩形の畑がそれで、県道をさかいに急な上りになる丘の斜面の中腹に、細長い帯状を占めている。標高平均二百四十メートル。畑面積わずか七・九九八ヘクタールだ。パリのコンコルド広場くらいしかない。

　この「大モンラシェ」を囲んで、西に「シュヴァリエ」（七・三六一四ヘクタール）、東に「バタール」（一一・八六六三ヘクタール）と「ビヤンヴニュ」（三・六八六〇ヘクタール）。大モンラシェの北側。シュヴァリエの東側にぐっと小さな「レ・ドゥモワゼル」（〇・六〇二一ヘクタール）がある。

　どうしてブドウ畑にこんな名前がついたのだろう。「バタール」は、由緒正しいご本宅モンラシェに対して〝私生児《バタール》〟だという。また「ビヤンヴニュ」は、かつてのバタールの地主がその土地の一部を小作人に分けあたえた。だから〝ようこそ《ビヤンヴニュ》、大歓迎！〟というわけ。一方「シュヴァリエ」は騎士のことだ。騎士がいるから「ドゥモワゼル」〝貴婦人たち〟を配した。あるいは大きな兄さん、大モンラシェのかたわらの〝小さな妹たち〟だともいう。この妹たちを除いたモンラシェの四兄弟は揃ってみんな、ブルゴーニュの公認特級、グラン・クリュだ。

　あたりが明るくなった。身支度はしてきたが、やはり雪になった。パッチワークの畑が音もなく白一色に包まれてゆく。うねうねのあいだには、雪がたまりやすいのだろうか。モンラシェの斜面にうねをなぞった白い縞模様ができた。風はない。動くものも、もちろんない。一本道はと振りかえると、道もプリニの村も雪の中に消えてしまった。私も雪につつまれてしまいそうだ。ともかく歩こう。モンラシェの道は舗装してある。そろそろシャサーニュ村が現われるはずだが。どこかで汽車の音がする。リヨン行きの列車だろうか。ミュルソー村のほうからきこえてくる。空耳かとおもったが、たしかに汽車だ。音は雪の中から、ふーっと近づいてきて、また雪の中に行ってしまった。一つ目の門……。二つ目の「テナール男爵」の門。そして三つ目の「大モンラシェ」と銘を刻んだアーチ状の門をすぎてやっと四つ目の門からモンラシェの畑に入る。いきなり、ずぶっとぬかる。季節を問わず、ブドウ畑訪問にはゴム長靴が必要だ。粘土質の土は、くっついたが最後、ちょっとやそっとではとれない、やっかいな代物だ。だが、このしぶとい土こそがワインに力を与える。

やっとおじいさんのブドウの木にご挨拶ができる。南隣は、あの有名なロマネ・コンティさんの畑。「お隣の人がうっかり摘んじゃうといけないから」と、孫娘のクロディーヌさんがいっていた。夏のあいだに姉妹で塗ったという目じるしの赤いペンキの棒杭が、今日はすぐにみつかった。その赤い杭から教えて二十五本のブドウの木。その二十五本を先頭にして一列に並んだ五十八本のブドウの木。二十五本×五十八本。この千四百五十本が、おじいさん一家のモンラシェのブドウの木だ。一メートル四方に一本ずつ植えてあるという。木と木のあいだが開きすぎてもよくない。ブドウが太陽を吸収しすぎて実が甘くなりすぎる、酸味とのバランスがくずれる。モンラシェ白ワインの特徴は他の追随を許さないバランスのよさにある。またこの一メートルは、実を摘んだり、人が木のあいだに入って働きやすい間隔だという。

ついでに数字を集めてみよう。

ブドウの耕作地面積・

全フランス　　九九万三五〇三ヘクタール（年間生産量約八千万本）

全フランスＡＯＣ　四一万九三〇九ヘクタール
ブルゴーニュＡＯＣ　四万三三八三ヘクタール
コート・ドールＡＯＣ　四五一三ヘクタール
大モンラシェ　七・九九八〇ヘクタール
おじいさん一家　〇・一五六四ヘクタール（テニスコート六面分）
おじいさんのモンラシェの年間生産量　一〜二樽（一樽は二百二十八リットル。七百五十cc入り普通瓶で約三百〜六百本）
耕作地の所有者　クロディーヌとフロランス、つまり二人の孫娘
その有益権者（ブドウ栽培者）　おじいさんとその娘むこ、つまり姉妹のお父さん

雪をふみしめてブドウ畑を歩くのははじめてだ。真新しい雪をかぶったブドウの木をみるのも、もちろんはじめて。いい季節にきた。ブドウの木は、いまはだかで、その全身がはっきりとみえる。その骨格がなぜそうでなければならないかも、少しずつみえてくる。ロマネ・コンティさんの畑の一角が、いやに小ざっぱりしている。散髪したあとみたいだ。やっぱりそうか。この畑ではもう剪定がすんでいるのだ。

剪定は、ブドウの木一年のサイクルの出発点だ。慎重に時期を選んで、秋の収穫をめざしてギアを入れる。三つの作業があるという。まず後片付け、去年中心になって実をつけた枝を除去する。二番目はこれが肝心なのだが、今年これから働き手となる枝を選ぶ。収穫を担う大切な枝だ。小枝などさっぱりと刈りとったあと、枝の先を切りおとす。どこまで残すかは、個々のブドウの木の〝体力〟に合わせて決める。

人間と同じだそうだ。五キロの水を平気で支える体力の持ち主と、三キロがやっとの脆弱な人と。三番目は翌年への準備。来年働き手となるべき枝を選定し、つけ根のところで切りすててしまう。今年そこからも若い枝が出て、実をつける。来年の担い手となるための予行演習だ。その青白い切り口に樹液がにじみでる。〝ブドウが泣く〟のだという。この外気の刺戟でブドウの木は目をさまし樹液が循環しはじめる。さあスタート！　剪定のすんだ木は明快だ。よじれた古い幹と、弧を描いて伸びた一本のたくましくしなやかな枝と、そして樹液で濡れた生々しい切り口と。余分なものはなにひとつない。

ブルゴーニュとモンラシェ　ノート

＊ブルゴーニュはフランス東部の一地方。セーヌ上流、ソーヌ、ロワール、三つの河に囲まれている。かつてブルゴーニュ侯国が栄えた。大革命後コート・ドールほか三県に分かれた。ボルドーと双璧のフランスの代表的名ワイン産地。シャブリ、コート・ドール、シャロネ、マコネ、ボジョレ、五つのワイン地区がある。中でもコート・ドールはブルゴーニュ中のブルゴーニュだ。二千年来、ブルゴーニュの名声を担う世界的名酒を産出してきた。

＊コート・ドールのブドウ畑は北から南へ、つまりディジョンからシャニイ間の五十キロにわたって細い帯状に連なる丘陵にある。この一連の小丘は、先史時代に現在ソーヌ河が流れている平野が崩壊したときできた断層からなりたっている。地元ではコート、丘陵とか斜面とか呼んでいる。

＊コートの特徴は次の六点に要約できよう。

1　ブドウ畑が斜面にあること。斜面はかなり急だが、最高三百五十メートル。この地形は、日照に有利で、水はけがよく、地面がすぐ温められる。春先の霜も少ない。
2　斜面が東を向いていること。日照の量と時間が多い。ブドウの木がもっとも太陽を必要とする四月～九月で千三百～千四百時間。
一七九〇年に、ディジョン選挙区の代議士、アンドレ・レミ・アルスが新県名委員会で、コート・ドール（Côte d'Or）〝黄金の丘陵〟の呼称を提案した。これは〝東向きの丘陵《コート・ドリオン》〟（Côte d'Orient）を略したものだ。地元では命名者の詩情とパブリシティーのセンスを高く評価している。

コートの風景はつつましやかだ。ディジョンからシャニイまで、いつも一様な、赤茶けた、灰色の丘陵、中腹までひろがるブドウ畑、丘の頂きの雑木林。そのふもとには、鐘楼から鐘楼までの距離が半里を決してこえない三十二の村々の連続。秋に色づいたブドウ畑の華麗さを除けば、ここでの活気はおもに、花飾りのように点々と連なる村々の内にある。
3　気候がセミ大陸性であること。ブルゴーニュ全体は、冬寒く、夏暑く、雨が多い大陸性気候だ。とくにコートは、西風を受けない、日射が強い、乾燥し、降雨量は七百ミリ以下。日没まで太陽の恩恵をうける。その日射しの強さと乾燥度は、ときに地中海性気候の様相を呈する。
4　ワインが単一品種のブドウから作られること。赤ワインはピノ種、白ワインはシャルドネ種を使う。他の品種のブドウを混ぜてはいけない。これはブルゴーニュワイン生産上のルールだ。そのため、たとえばその年の天候が、この品種の成長サイクルに合わなかったり、また人為的不都合が起こった場合、ワインはその悪条件の影響をもろに受ける。その場合、ピノ種、あるいはシャルドネ種で不足したものを埋め合わせるための、別の品種がないのである。しかしこの二品種の選択と単一品種システムは、何世紀にもわたる試行錯誤の成果だ。この高貴なる孤独がブルゴーニュ大ワインの芳香の芳醇、しなやかさ、エレガンスを生む。

5　畑が細分されていること。土壌の構成、傾斜、標高、向きなどによって、まず三十二の村に、それはまたさらに個性のはっきりした百あまりの小区分に分割されている。それぞれがシャンベルタン、コルトン、モンラシェなど祖先伝来の名前をもち、ナポレオン以来、土地登記名簿に記載されている。用地として等級序列もある。その最高級がシャンベルタン、コルトン、モンラシェなど、十二の畑である。細分されたその畑はまた複数の所有者によってさらに細分化する。すでに述べたようにモンラシェ八ヘクタールを十七人の地主が、クロ・ヴージョ五十ヘクタールを百人が分割所有している。ボルドーの大地主制とは大変なちがいだ。たとえばシャトー・ラトゥール五十ヘクタールに一人。マルゴー八十五ヘクタールに一人。ペトリュス十二ヘクタールに二人、この場合も分割ではなく共有だ。九ヘクタール十七人から生産されるワインは均一ではありえない。単一品種からとはいえ、多様な土壌からブドウが生産され、各人が秘伝をもっていると信じる職人気質の小規模零細経営者によって、ブドウの栽培とその加工がなされるからだ。

6　生産量が少ない。コートの帯状のブドウ畑は長さが六十キロ、幅が七百メートルから広いところで三キロ。全畑面積八千ヘクタールを出ない。生産量年間平均は十七万ヘクトリットル。普通瓶で約二百三十万本だ。畑は微小。生産量も僅少。高品質が名声をもたらしているが、値段高価で入手はきわめて困難だ。

＊コートは伝統的に北と南に分けられる。北はコート・ドゥ・ニュイ。南はコート・ドゥ・ボーヌと

呼ぶ。一般にコート・ドゥ・ニュイのワインは、ボディのしっかりした堅固で力強く、長期保存するワイン。コート・ドゥ・ボーヌ産は、しなやか、やわらか、エレガント、短期保存によいとされているが、ちがいはそれほどはっきりしていない。コート・ドゥ・ボーヌ産のコルトンは、しばしばコート・ドゥ・ニュイ産のミュジニイの性格をもつ。これぞ典型というワインができるために必要な条件がすべて揃うことはまれだからだ。

その条件とは、好適な天候、模範的な栽培法、理論にかなった剪定、快晴で時間通りの収穫、芸術が科学に優先する醸造、醸造上の予防が治療に先行している熟成、そして早すぎも遅すぎもしない瓶詰め、つまりワインが健康な状態で熟成できる瓶詰めのタイミング——このどれか一つが欠けても、狂っても、ワインの色、味、香り、あるいはそのいくつかを損なってしまうのである。

＊コートのワインは四等級に分けられる。

1　グラン・クリュ（特級）畑名がワイン名。たとえばモンラシェ。ラ・ロマネ・コンティ。シャンベルタン・クロ・ドゥ・ベーズ。

2　プルミエ・クリュ（一級）畑名に一級を併記。ヴォーヌ・ロマネ・レ・プリュレ・一級。レ・ドゥモワゼル、ジュヴレ・シャンベルタン・プティト・シャペル。

3　ヴィラージュ（村）村名がワイン名。たとえばプリニ・モンラシェ。ヴォーヌ・ロマネ。

4　レジョン（地方）　ブルゴーニュなど。

＊結論として、ブルゴーニュの名前はあくまで一般的呼称だ。規格化され大量に生産されたワインのことではない。その名のもとに、多数のワインが集まって精緻なニュアンスで色分けしている。ブドウ栽

培に関する地理と、生産者と、生産年の知識を駆使して、ワインを見分け味わうことが通の限りない喜びとなっているようだ。

＊モンラシェ。ブルゴーニュ白。コート・ドゥ・ボーヌ県のプリニ・モンラシェ村とシャサーニュ・モンラシェ村に産する。公認等級、特級《グラン・クリュ》。自然のアルコール度最低十二度。十七世紀まではほとんど無名。十八世紀中頃から有名になり、十九世紀の少なくとも後半に世界一になった。この世界一についてシャサーニュの村役場に記録が残っている。「シャサーニュ・ル・オ村は一八七八年八月四日付けで村名変更を衆議一決した」変更の主旨は、「村は平野にある。高い《ル・オ》をくっつけてもなんの説明にもならない。一方、モンラシェは著名はブドウ畑である。世界一の白ワインを産する。新たなる村名、シャサーニュ・モンラシェは、この偉大なるワインをさらにさらに有名にするであろう。またその結果、商業の発展に貢献することであろう」と。隣村のプリニでも、一足先の七二年十一月二十七日に同様の村名変更を行なっている。モンラシェの畑は二つの村にまたがってある。

＊稀少ワインだ。過去十年の平均年産二万三千二百リットル、普通瓶で約三万本。バイヤーたちは、前もってその年々の収穫を予約した。価格は何の意味もなくなるほど高騰した。正真正銘のモンラシェの一本は貴重品である。

＊一九六二年、フランス政府は六億旧フランを投じて、計画中のパリ・リヨン間の高速道路をわざわざ迂回させ、モンラシェの数平方メートルの畑を救った。初期の設計図では、この新高速がプリニのブドウ畑を横断することになっていたのだが……。

＊また不幸なこともある。モンラシェでもクール・ヌエ病が発見された。ウイルスに起因するとみら

れるこの病気はブドウを枯らしてしまう。原因は土壌にあるらしい。治療法はまだみつかっていない。モンラシェは思い出になってしまうのだろうか。最高の権威がいま、英知を集めて研究中だ。

＊モンラシェのブドウと、最初に白ワインを作り、完成させた天才的ブドウ栽培者の起源は、ほとんど知られていない。その昔、ブドウ畑の大部分はラギッシュ侯爵の所領だった。現相続人も、まだその四分の一を所有している。近年死去したテナール男爵一族も、その一部を所有。別のブドウ畑や厖大な資産をもつテナール家でもモンラシェの所有地は最高の自慢だ。ごく最近、モンラシェの畑を購入したのは、あのロマネ・コンティ社だ。すでに所有の〇・三三四ヘクタールに新規購入の〇・三四一九ヘクタールを追加した。

＊畑の最良の部分はプリニ・モンラシェ村にある。総面積の半分よりやや広い。おそらくその理由は、小丘のその部分がシャサーニュ・モンラシェのそれより東に向いているからだろう。ちなみにモンラシェを是が非でも手に入れたければ、片一方の村へいって、もう一方の村の悪口をいえばいいよ、と週刊誌「レクスプレス」はすすめている。

＊現在モンラシェに隣接する畑から作られたワインのいくつかは、しばしば本家の至高品と競いあっている。くろうと筋の評判では、84年はシュヴァリエのほうがよい、ということだ。

＊八七年二月現在、モンラシェ八百平方メートル弱の畑を、十七人の地主（会社組織を含む）が分けあって所有している。ワインの品質を決定する四大要素とは、1品種、2畑、つまり地質、日照、雨・風など。3生産年、つまりその年の天候、4生産者、栽培醸造する人間だ。例をモンラシェにとれば、十七人の地主またはその代理人が、すべて天才的な生産者とはかぎらない。したがってピンからキリまでのモ

ンラシェが存在しうるし、事実存在する。キリのモンラシェよりはピンのシュバリエ・モンラシェを採るというプロは少なくない。「ブルゴーニュではまず生産者を選べ」といわれる理由がここにある。だれが作ったモンラシェなのか。だれがベートーベンを弾くのか、ピアニストや指揮者の名前が重要なのと同じである。

ちなみに、ホテル「ル・モンラシェ」の支配人ワロラン氏（ソムリエコンクール・ブルゴーニュ地区優勝者）は、ロマネ・コンティは別格として、マーク・コラン、ラモネ、ジャド製をモンラシェのベスト3に。またモンラシェは白のペトリュスだとするロベール・ヴィフィアンは、ラフォン、ドゥラグランジュ、ラモネ、モレ、ロマネ・コンティ製をベスト5に選ぶ。五人の通にきけば、またちがった答えがでてくるだろう。

おじいさんの住むシャサーニュ・モンラシェ村は、人口は四百五十四人。村の総面積六百五十ヘクタール。その三分の二をブドウ畑が占めている。畑の真ん中に世帯数は百九十戸足らずの村がある。村役場と小学校が同居している。村長さんだけがワインを作っていない。石屋さんだ。裏山からマーブルまがいの美しい石が採れる。ほかにワイン村の生活に必要な商売がいくつか。食料品等よろずやさん。肉屋さん。電気屋さんに左官屋さん。中学校と車修理と美容院は隣村のやっかいになる。日曜日になると牧師さまがミサを授けに、また別の村からくる。村人の年収は全国平均を悠々とぬく。若い人も十人中九人が村にとどまる。村の人口は一六八一年四十人、一九〇〇年八百五十人、そして、ここ十年不動。貴重なブドウ畑をほかに転用することは法律で禁じている。土地は、ひたすらブドウに捧げられる。

県道113号をくると、右手に村の墓地をみながら部落に入る。いきなり醸造所にぶつかる。その塀ぞいに右へ折れると、それが村のメイン・ストリートで村役場へ出る。七、八軒をやりすごすと、またすぐにブドウ畑がつづく。村には正式の道路名はないという。このメイン・ストリートが〝村の道〟で、いまだに下の道、北の道、石切り場への道、苗床の道、樫の木の道、司祭さまの小径、お祭りホールの道と昔ながらの呼び方である。はじめておじいさんを訪ねたときも、「ドゥラグランジュさんなら、そこを曲がった左手だよ」と村人は指でさし示した。緑色のペンキで塗った鉄の門の家で、珍しく表札が出ている。小さな前庭があって、白い百合が匂っていた。門を押して入ると、玄関のドアがあいて、そこに小柄なおじいさんが立っていた。あわてて握手をした。ごっつい手、強い手、うそのない手、そのときから、私にはモンラシェのおじいさん。素朴で気さくでお百姓まる出し。顔が丸く、陽焼けした顔の中央に、でっかい鼻がでんとすわり、その鼻の先と頬が赤い。おじいさんは格子のシャツにコール天のジャケットを着て、同じコール天の帽子をかぶっている。その帽子がハンチングでないところが世のブルギニヨン（ブルゴーニュ人）デッサンとちがっていた。

居間に通された。泥だらけの靴が気になる。床がピンクの大理石だ。これが有名なシャサーニュの石らしい。整理ダンスの上に写真が飾ってある。「五世代がいっしょだ。こんな写真は、うちにも一枚しかないよ」おじいさんは写真の中の人物を一人一人紹介してくれた。

エドモンド・ドゥラグランジュさんは七十七歳。一九一〇年にコート・ドール県ヴォルネ村で生まれた。おじいさんの時代からみんなワインを作っていた。母方のシャルルじいさんは、今年は桃の花の色が濃いから、いいワインができる、といっていた。一九一四年お父さんが出征した。十三歳で小学校を出た。成績は優秀だった。十三歳から畑で働いた。二十四歳で結婚。九キロ南のこの村へきた。相手の娘さんがこの村の人で一人娘だった。奥さんのお父さんは、たくさんの畑を持っていた。よいワインを作ると評判だった。ジョセフ・バシュレといった。幸運だった。自分の父親から赤ワインを習った。この義父からは白ワイン作りを教わった。義父はよいプロフェッサーだった。よく働く。よく物を読む。どんなことが起こっているか、よく読んで知っていた。

手で耕した。馬を使っている人もいたが義父は手だった。ブドウ搾りも手だった。手でまわす。力がいった。一回まわして搾る。もう一回まわして搾り切る。二回分のジュースをまぜてハシゴで地下のカーヴにおろす。ぐずぐずしているとジュースが発酵してしまう。この五十年あまり、栽培にも醸造にも大変化があった。搾り機も、ボタンを押せばひとりで働く。二回押せば搾り終わる。チューブで地下におくる。発酵がはじまる。暑い年は発酵が早い。昔は入れなかったがいまは酵母を入れる。発酵が終わったかどうかも試験場でテストしてもらう。摘みとりもそうだ。昔はブドウの花が咲いてから九十日だった。いまは百日だ。庭の百合が開いてから百日。いまはブドウの熟しぐあいも分析データで出る。酸度、糖度、それでも、モンラシェとバタールは、もう一日もう一日と待つ。雨が降ったらおしまいだがね……。大ワイン年、乾いた年はいい年だ。ブドウは太陽はいるが、雨はちょっとでよい。ブドウの根はそれは深い。うわ土は粘土で二十センチばかりで下は岩だ。根は岩のあいだをぬって、深く深く食べものを探す。古い木の根は二メートルからある。粘土の下の岩は、ピンクオレンジ色の大理石だ。うちのこの床もそうだが彫刻にも使われる。

おじいさんが、はじめて自分のワインを作ったのは二十四歳だった。父親が九十歳で亡くなったとき三人の兄弟に公平に畑をわけた。相続した四ヘクタールからはじめて、特級と一級の畑だけを買い足し十ヘクタールになった。いいワインを作ればかならず売れる。一九七八年にモンラシェの畑が売りに出た。持ち主の家族にいざこざがあったらしい。孫娘は二十一歳になっていたし、両親を手伝って家業を継いでゆくことがわかっていた。妹のほうも、ディジョンの大学で醸造の勉強をしていたから……。買ってやることにした。相続税を払わなくてすむし、子孫に伝えたいからね。家族が仲良くやっていれば畑は伝わるものだ。

うちのモンラシェの収穫は、三十五人で、朝七時にはじめて二時間でおわる。これは手だ。ブドウ摘み人は西の山のほうからくる。ふだんは農業をやっている人たち。気心の知れた、二十年以上もきてくれている人もいる。楽しみにでかけてくるようだ。十二日間、この家に寝起きする。家族のようなものだ。女性たちは炊き出しにてんてこまい。ブドウ摘み人のことをライヨ（男）、ライヨット（女）という。きっとあなたの字引には出てないだろう。土地の言葉だから……。手をつないででかけたものだ。歌いながら日暮れの道をかえってくる。収穫が終わるとお祝いだ。ワインをふるまってみんな畑のそばで躍ったものだ。両親がいっていたけれど、サボをはいてワラの中で寝たものだと。いまは車で、さっと帰ってゆく。

商売はほかの人がやればよい。作ったワインの半分はネゴシアンに売る。そんなに売りたくはないが畑仕事がある。ワイン作りはなんといっても畑の手入れが大切だ。時間がかかる。ネゴシアンは毎年十二月十五日に樽を持参でやってくる。昔からネゴシアンの樽は大きい。樽は二百二十八リットルと決まっているが、ネゴシアンの樽には二百三十二リットルは入る。樽も人が作るものだ。きっちり同じにはできないらしい。ネゴシアンには大きな樽がゆくらしいね……。

今日も長居をしてしまった。

エドモンド・ドゥラグランジュ作のモンラシェ79年。私はパリ中を探して、現地へきても探して探して飲むことはできまいとあきらめていた幻の名酒、今年が飲み頃だという黄金色に熟れたモンラシェ。白いワインは白い土からできるんだと五十年の作り手がいった。あのピンクオレンジの大理石から生まれた、モンラシェのおじいさんのモンラシェ。孫娘さんもいっしょだった。「おじいちゃんの秘蔵をご馳走になるの、私たちでも一年に一度です」。おじいさんがグラスに注ぐ。薄いほこりをかぶった、ラベルの張っていない、はだかの瓶、その手元を見守る。そして、じっと聴き入る。おじいさんはこういった。「土はそんなにちがわないのじゃないか」「じゃあ何が?」「木の年齢。苗木、畑を作る人間……。ワインは数学じゃない。たくさんのことからできるんだ」「じゃあ、おじいさんのモンラシェを作るのは何ですか」「そうだね……」「さあて……。手だ」「私はいい土地に生まれた。ワイン農民だ。働き者だ。私は私のワインと生きてきた。地下のカーヴにおりて樽から独りで静かに飲む。私のワインのことは全部あたまに入っている」

三人が揃って門口まで送ってくださった。どうぞお大切に。日が暮れている。雪が光っている。道路が凍っている。歩いて帰る自信はない。村をでると外灯もない。文字通り漆黒の闇につつまれる。ともかく歩きかけた。白いキャミヨンが止まっている。見おぼえのある仕事着姿が乗りこむところだ。駈けた。

ホテル・ル・モンラシェまで、乗せていただけないかしら。笑顔がこたえた。快くドアがあいた。よろずやさんの商品がところせましと詰めこんである。チーズが匂った。キャミヨンは雪明かりの中へ走りだした。

（87年6月）

アルザス　ゲヴュルツトラミネールVT

一九八五年一月二十五日、私は東京で一本のアルザスワインに出会った。

そのワインはロベール・ヴィフィアンが日本料理とあわせてみようと試みに十四本のワインを持ってきた、その一本だ。牡蠣フライといっしょに飲んでみようということになり銀座のレストラン「ルネ」にワイン持参の食事となった。

そのワインは鶴のように首のながい緑色の瓶に詰まっていた。開放的で肉太で、キラキラと金色に輝く。濃い薔薇の香りがする。一目惚れだった、名前はゲヴュルツトラミネールという。いまだに書くにも言うにもすらすらとはゆかない。もちろんはじめてきくワイン名だし、ラベルに記載されているVendanges《ヴァンダンジュ》 Tardives《タルディイヴ》の文字もなんのことやらさっぱりわからない。

だがロベールは、初対面の一杯に感激する私をみて喜んだ。

「このアルザスワインのフランスでの評価は決して高くはない。香りがありすぎる。軽すぎる。わかりやすすぎるといわれる。とくにこのゲヴュルツやミュスカはブドウを食べているという感じがする。僕は昨夜食べた天ぷらの最後の天茶、あの小柱のかきあげに、古いゲヴュルツ、たとえば73年を合わせてみたい。

ゲヴュルツの太い酸味は、天ぷらディナーの仕上げには有効だ。あのお茶の芳香とゲヴュルツVTの枯れがけの薔薇の匂いは唱和だ」

パリへ帰った私はラベルを手にゲヴュルツトラミネールを探しまわる。近所の酒屋にはなかった。「フォーション」にも「エリアール」にも、マダム・ファレールのゲヴュルツVTはなかった。レストラン「ラ・マレ」のワインリストにやっとみつけて注文すると、珍しいお客だというのでオーナーがわざわざテーブルにそういいにきた。それから数日後「カーヴ・マドレーヌ」でやっと手に入れた二本をかかえて帰宅する途中、あろうことか、その一本をノートルダム寺院の壁にぶつけて割ってしまった。瓶はあまりにもあっけなく割れた。あの鐘楼の鐘つき男カジモドに飲まれたのだ！

マダム・ファレールのゲヴュルツが、簡単に手に入るワインではないとわかりかけたところ、二度目の幸運がやってきた。

一九八六年五月十二日、パリ郊外の僧院で第一回国際ソムリエコンクールが開かれた。世界九カ国から、のべ六千名のプロが参加、フィナーレのその日には十人の候補が優勝を競った。審査員は七名で、その中には山本博氏も参加していた。日本からは木村克己氏が第四位を獲得。その優勝者はフィリップ・ニュスイッツという二十三歳のアルザス出身のフランス人だった。私はさっそく彼に電話でインタビューした。

ソムリエとは何をする人か。弱冠二十三歳のあなたのワイン歴は？　筆記試験、利き酒、サービスの実技など、どの部門で特にあなたは得点できたとおもうか。出題料理に彼があわせたワインについては特に詳しくきいた。インタビューがチーズに移ったとき彼は次のように答えた。

「チーズは九種ありました。キャマンベール、モーのブリー、エポワス、マンステール、ヴァランセ、ルブロション、カンタル、コンテ、ロックフォール。この中から一つ選ぶ。僕はアルザス人だからまずアルザスのチーズ、マンステールを選びました。くせのあるマンステールに合わせるワインはゲヴュルツトラミネールしかありません。ゲヴュルツは白です。赤ワインのあとに白をもってくる場合は、その赤に負けない白が条件です。で、ゲヴュルツのＶＴを選んだのです」

実はいま私はそのゲヴュルツに夢中だというと、彼は「じつは僕の友人でゲヴュルツを作っているのがいます。ぜひアルザスへおいでください。僕ら仲間なのです。ご紹介しますよ」

私は最後に「ニュスイッツさん、あなたにとってワインとはなんですか」とたずねた。

電話の向こうの彼は、一瞬間をおいた。

「フィアンセと喧嘩します。お金のことやなんかで喧嘩もしますね。雲行きがあやしくなると、ともかく僕はいいワインを一本買います。そしてふたりで食事をするのです。それで、終わりですよ。ふたりは、ハッピー」

ソムリエ一等賞のチャーミングな答えは私をはずませた。一九八六年九月、私は彼を訪ねてアルザスへ旅立った。そして若い作り手ジャンミッシェル・ダイスとそのワインに出会った。

ニュスイッツさんの言葉にうそはなかった。彼は自分がソムリエとして働いているシャトー・イーゼンブルグのレストランで、料理とワインのすばらしいテーブルをととのえてくれた。

シャトー・イーゼンブルグは十七世紀の古城だ。視界は三百六十度をぐるっとブドウ畑に囲まれた小高い丘の上にある。その古城がホテルになっている。ダイニングルームの天井は高く扇形にひらいた窓から見わたすかぎり地平線の向こうまで緑のブドウ畑がつづいている。収穫も間近な畑はまぶしいほどの秋の陽を浴びて息づいている。ときどき猟銃の音がきこえる。あとでわかったのだが、それはおいしいブドウの実を盗みにくる鳥を追う威嚇の銃声だった。実りの秋だ。

円形の大テーブルを七人が囲む。その中には有名なワイン通もまじっていて、チーフソムリエはのりにのった。ここは彼が生まれ育った土地だ。料理とワインの組合せに興味があるといった彼のホームグランドである。アルザスワインは彼の掌中の自信だ。シェフとの連携プレイも申し分ないようだ。若い才気と勝者の誇りと快い負けん気、彼はそのすべてを発揮してシャトーの秋に得意満面の宴を展開した。

トケ81年　Tokay 81（Kuentz-Bas）

リースリング67年　Riesling 67（Josmeyer）賞を獲得したというこの古いリースリングは金のキャラフに入れてあった。

リースリング81VT（完熟ワイン）十一月十六日摘みとり、Riesling 81 Vendanges Tardives（Dopff & Irion）

ゲヴュルツトラミネール79SGN（貴腐ワイン）Gewürztraminer 79 Sélection de Grains Nobles（Klipfel）

アルザスは有名なフォアグラの産地である。ペリゴールやランドのフォアグラとはまた一味ちがう。フォアグラのパイはアルザスで〝発明〟されたといわれている。料理はそのフォアグラのテリーヌにはじまり、フォアグラ・ショーと付合せは熟れたマンゴー——の一品がつづく。生《な》まのフォアグラを煙がたつほどの強火で、じゅっと一瞬焼いてある。表面は焦げてカリカリっと香ばしく、身は生あたたかく、とろける生まだ。このフォアグラ・ステーキのレアに、リースリングの完熟ワインをもってきた。リースリングの酸味がきいた。デザートはゲヴュルツの干しブドウ入りアイスクリームに、ゲヴュルツ79年の貴腐をあわせる。フィナーレである。ゲヴュルツの貴腐ワインは大グラスに注がれた。そのグラスは普通サイズのブランデーグラスの四、五倍はある。両掌からはみだす、ふくらんだグラス。そのふくらみからあふれそうなゲヴュルツは金色に輝く。これこそ貴腐の女王だ。グラスごしに窓ごしに緑が映った。

アルザスの秋の日は早い。食事が終わるころには、窓に闇がにじみはじめていた。

私はブドウ畑のアルザスを心底から味わった。その夜、ベルカイム村のジャンミッシェル・ダイス三十二歳に会った。古い石畳を並んで歩きながら、彼はアルザスを語りつづける。語りやめない。

アルザスはドイツとの国境にあります。何回もドイツに侵略された土地だ。フランス人の中にもアルザスがフランスだと知らない人たちがいる。僕らがドイツ語を喋っていると思っているフランス人も少なくない。だからアルザスワインというと、ドイツワインと思ってしまうかもしれない。大多数のフランス人にとってアルザスとは、あの独特の頭をもった、ごっついアルザス人。田舎臭いイメージだ。そして彼らの作っているのは、ちょっと酸っぱい、コクのない、シュークルートと合わせて飲むか、魚臭さを消すために飲むワインと。でもアルザスのワインが伝えたいことはまったく別のことだ。僕らは、ますます自然なワインを作るようになっている。ワインを作るということは、まずブドウの汁があって、それで発酵中の若いワインがあって、酒石酸が沈殿する前、冬のはじめのワインがあって、若い原ワインがあって、九月になるとワインを瓶に詰める。それからさらに、そのワインを一、二、三、五、十、十五年と保存する。僕らは昔にくらべてブドウのこと、ワインのことをもっとよく知っている。醸造の技術も発達した。

失うものが少なくなった。質の効率は高くなった。いま僕らの仕事は、原材料のもっている可能性を最大限に使うことです。

午前七時五十二分。五度目。パリ東駅からウィーン行きの汽車に乗る。一路東へ、四時間でアルザス地方の首都ストラスブルグにつく。北緯四十九度。ここはもうドイツとの国境に近い、ライン河の町だ。アルザスのシンボルであるローズ色の大聖堂がそそり立つ、またヨーロッパ議会の所在地でもある。二カ国語のアナウンスをききながらローカル線に乗りかえる。汽車はラインに沿ってひろがる平野を南下する。鉄道とハイウエーと河は平行に走っているというが、河面はまるっきりみえない。窓には黄色い向日葵《ひまわり》畑と緑のタバコ畑が交互にあらわれ、遠く青い山並みが連なって走る。東にみえる山々はドイツの黒い森。西はヴォージュ山脈の峰々。汽車はアルザス深く進む。味わったワインを頭においてその生産地を訪ねると、それまで車窓になにげなくみていた風景が意味をもって生きてくる。ヴォージュ山脈とライン平野が接する山すそを、点々と、赤い屋根瓦の集落がぬっている。ワインを作る村々だ。緑のブドウ畑が山の斜面をのぼっている。山ひだの奥深く抱かれた村もあるし、平野寄りの平べったい村もある。斜面の畑と平地の畑のワインの味のちがいはちゃんと風景の中に描きこまれているのだ。尖った教会の塔がそびえ立っているので村の存在は、汽車の窓からもすぐにわかる。あの塔を塔から塔へとつないでゆけば、きっとそれが、アルザスを南北に走っているというワインルート15なのだろうか。

小一時間でコールマールについた。古い家並みと昔ながらの石畳とそして人口六万人のアルザスのワイン主都だった。今日は、ここにあるアルザス地区原産地記載全国委員会、略してＩＮＡＯ《イナオ》に事務局長べジアン氏を訪ね、〝遅い収穫〟の完熟ワインについて説明をうけることになっていた。

アルザスはブドウの品種名をそのままワインの名前にする、フランス唯一のワイン産地だ。品種は八種。アルザスワインのバラエティーは、この品種のバラエティーであり、品種のバラエティーはすなわち地質のバラエティーだ。

ブドウ畑は南北に百二十キロメートル。幅は東西に平均して五〜六キロの、ライン西岸の平野とヴォージュの東斜面からなっている。まずこの土地がどのように形成されたかを知る必要があろう。

アルザス地方は、そもそも創成期がきわめて複雑に入り組んだ土壌からなっているという。土地の人が、見ていたように語るのは、五億年前にはヴォージュの山々とドイツの黒い森は、一つの大きな山であった。厚い氷河におおわれていた。そして二億年前に大雨が何日も何日も降りつづき、その山の一部が大沈下した。そこへ海水が流れこんできた。水といっしょに土砂を運んできた。だから石灰質の土には貝の化石があるんだ。アルザスワインに石油の匂いがするのもこのためだ。三千年前になるとアルプスが大噴火した。そしてライン平野ができた。土壌は、①ヴォージュ山脈は花崗岩でできている。石から砂状までの温まりやすい土質だからブドウは早く熟す。傾斜六十五度、標高四百メートルどまり。全アルザスブドウ畑の三十パーセントを占める。②ヴォージュの東向き斜面は標高二百〜三百六十メートル。傾斜は二十五度からなっているため陽当たりがよい。粘土質で深く重い。五十パーセント。アルザスワインの中心だ。③平野の土はこまかい砂状で軽い。ブドウの熟すのが早い。

大陸性気候で、夏暑く冬寒い。そのため地理的には、〝北であるが夏暑い〟というブドウ栽培にプラスの条件をもっている（コールマールで年間平均気温摂氏十・八度、一月一・五度、七月二十・一度、冬はマイナス二十度までさがることがある。四五年にはブドウに被害を与えた。二十年に一度はこの被害をうける。ただしブドウ栽培には四月～七月の気温が大切だ。ワインの量と質が決まるからだ）。そのうえ乾燥している。標高千五百メートルのヴォージュ山脈が大西洋からの湿気を含んだ西風をとめる。またドイツの黒い森がシベリアからの寒風をさえぎる。ラインをはさんだこの双子の山は、アルザスのブドウ畑の〝防波堤〟になっている。年間降雨量はコールマールで五百ミリ。ニースと並んでフランス一乾燥した町となる。アルザスは平均六百五十ミリ。この乾燥がブドウによい。

総括すると、アルザスは北にあるにもかかわらずその土質と気候条件がブドウ栽培に適している。フランス中でブドウを作っていたわけだが、アルザスブドウが自然に大自然を選んだわけで単なる偶然ではない。

ブドウ畑は北のマルルライム（ストラスブルグ）から南のタン（ミュールーズ、スイス国境）まで、栽培面積一万三千ヘクタール。生産量平均百万ヘクトリットル。80年六十万ヘクトリットル、82年百四十五万ヘクトリットル、86年百二十万ヘクトリットル。この生産量のバラツキは、その年の天候による。たとえばゲヴュルツトラミネールとミュスカは開花のときの天候に敏感で、六月末に雨が多かったり少し寒かったりすると収穫は激減する。

アルザスワインは、フランス全AOC赤白ワインの五パーセント。全AOC白ワインの二十パーセント。家庭で消費される全AOC白ワインの四十パーセント。

アルザスは、ライン河によって交易の要地として繁栄した。北海に注ぐこの河によって北との交易があった。また二千年前には南からローマ人が、この河を上ってこの地へきた。人がきた。物がきた。軍隊も通った。ライン河はアルザスを通過交換の地、コミュニケーションの土地にした。中世は僧侶の時代。ストラスブルグの寺院も広大な田畑をもっていた。ワインはシンボリックな聖なるもの、洗礼にはなくてはならない、キリストの血とみなされた。貴族と僧侶はライン河を使ってヨーロッパ全土にワインを輸出した。品種の名では売っていなかった。生産地、つまりブドウ畑の所在地の村名がブランドだった。アルザスのいちばん古い品種リースニングだけはその名で売られていたが。アルザスはフランスとオーストリアの、いわゆる三十年戦争によって大打撃をうけた。ルイ十四世の一六四八年にフランス領となった。十八世紀頃から徐々に回復。その頃は二十品種ものブドウを栽培していた。

一七八九年のフランス大革命があり社会的経済的大革命を迫られた。貴族階級の没落。同時にワインの品質の低下。しかし少しずつ復興した十九世紀末に、今度は害虫フィロクセラの大被害にあった。ヨーロッパとアメリカの貿易が盛んになった結果だったが、その害虫は一八六〇年にまず南のマルセイユに上陸、五十年間でフランス全土に蔓延、一九一〇年には、ついにアルザスまで北上した。村人はフィロクセラにやられない新しい品種を作る必要に迫られた。つまりヨーロッパ品種と害虫に強いアメリカ品種を交配する。毒には毒をの方法だが、結果は平凡なワインだった。この時期にフランスのワイン地図からいくつかの地方が消えてなくなった。ロレーヌ地方もその一つだ。交配による新品種には将来がない。そこでアメリカの根にヨーロッパの枝をつぐ接ぎ木が選ばれた。品種をかえるのでなくフィロクセラにやられないための知恵だった。この災害を契機に、アルザスに品種というアイディアが芽生えた。九月十月には太陽が少ないので、ゆっくり熟す品種がよい。ここは土質があまりに多様だ。土（畑の名前）をワインの名前にすると複雑になりすぎる。品種をネーミングに選んだ。

アルザスの八品種は上級品種と下級品種の二グループに分かれている。

○シャスラ＝通説エジプトはオアシスの出身。十八世紀末アルザスに到着。実をつけるのが大変早く、ために生産量にムラ。軽く口当たりよく中性的。むしろアルザス名物、品種まぜあわせワインの一員として活躍。

○シルヴァネール＝十八世紀にオーストリアより到来。栽培面積アルザス一（二十三・四パーセント）、生産性ナンバー1（一ヘクタール九十七・五キロ）生産量のばらつきも少ない。ゆっくり熟す。酸味がある。軽くさわやか、果実の味がそのまま、泡少々。アルザス気軽ワイン代表。

○ピノ・ブラン《白》＝北イタリア出身、ブルゴーニュ経由で十六世紀にアルザスへ。ロレーヌ、リュクセンブルグ原産品種オグゼロワと合わせて醸造。ピノ単一より腰と丸み、香りに品、愛すべき酸味、という好結果。泡のある、シャンパン風ワインの原料にも。

○ミュスカ＝オリエント系、一五一〇年のヴァクスケイム司教台帳に記録。二種ある。アルザスのミュスカは実が遅い。ミュスカ・オトネルは早いたちで、雨、低温など開花期の事故率が高く、三年に一度の成功率だが、香りは際立って涼やか。長所を合わせた二種混合なので、軽く、高級四品種中もっともドライ。摘みたてのブドウを食べているようなフレッシュなワイン。特にアペリティフに好評。

○ピノ・グリ《グレイ》（アルザスのトケとも呼ぶ）＝ブルゴーニュより十七世紀にアルザスへ、早いたちなので開花期が気がかり。生産量にムラ。ボリューム感あり。強靱、ときにやわらかく、フルーティ。豊潤、酸味もしっかりのワインとなるため熟成期待の長期保存型。
○ピノ・ノワール《黒》＝名声の赤ワイン品種。気候地形の類似によりブルゴーニュから。ピノ家族中アルザス到着は一号。中世に重要な位置。のち消滅、数村に残るのみ。最近ぐんぐんの復活。ロゼの醸造法による酸味少なく、フルーティ、ルビー色。唯一の赤だ。
○リースリング＝出はオルレアン。ぴかぴかのライン品種。アルザス一ノーブルなブドウ。世界中にごまんとあるリースリングとはむろん、ドイツ産とも一線を画する。実をつけるのが遅く、低温で熟すという特性。生産性は高く一定。アルザス品種一酸っぱい。したがってドライ、しぶとい酸味、気品、まぎれもない血統のよさ、デリケートな香りとフルーツの味。特に酸味と果実の味の調和がアルザスワインの王者をつくる。酸味に見合う糖分ができた年がリースリングにとっては、よいミレジムだ。
○ゲヴュルツトラミネール＝十九世紀交配によって誕生。つまりは香り《アローム》の選択だ。ゲヴュルツはドイツ語でスパイスの意。トラミネール品種は一五五一年に植物学者が記録。〝特にそのアローム顕著でない〟トラミネールから〝アロームの新種〟創作はアルザスの功績。早熟のたち、開花期に危険がいっぱい。生産性もほどほど。小粒・赤紫の実から白ワイン。骨格、ヴォリューム、エレガント、熟成後も香りの個性・花のアロームを持続。むしろこれだけで飲む華やかなソリスト。わかりやすすのでアルザスワイン入門にもよい。アルザスワイン全生産の二十二パーセント。アルザス以外で、いちばん有名なアルザス品種。この品種がアルザスでいちばん力量を発揮するからだ。
実のなる早さからいうと、ピノ・グリ、シャスラ、ゲヴュルツトラミネール、ミュスカ・オトネル、ピノ・ノワール、ピノ・ブラン、ミュスカ・アルザス、シルヴァネール、リースリングの順だ。だが、収穫の時期は、どんなワインを作りたいか、軽さか、丸みか、果実の味か、アルコール度か、作り手がそのブドウから取り出したいもの、期待するワイン像によってちがってくる。同じピノ種を使っているシャンパーニュは、アルザスよりさらに北だが、香りを求めるため、アルザスより早く収穫する。

ＡＯＣ（appellation《アペラシオン》 d'origine《ドリジン》 contrôlée《コントローレ》 原産地名称管理）はフランスで一九三五年に確立。ＡＯＣの思想は、質のよいワインを作り、それを保護する。そのための集団である。はじめは、ワインはブドウで作るというような規定からはじまって、生産地の地理上の規定、ついで作り方、畑の所在地、新しいテクニックの使用について、質の定義へとすすんでいる。当初は法律家だけの集団だったが、ブドウ栽培、ワイン作りの現場の生産者が参加するようになった。一九八五年には創立五十年を迎えた。

アルザスは三五年〜四五年までドイツ占領下にあったためフランスのシステムをとりいれるのが遅れた。四五年にドイツから解放されて即刻フランスシステムを導入、現在のアルザスＡＯＣが誕生した。北国であることをはじめ、アルザス特有のブドウ栽培事情がある。ＡＯＣの規定は、たとえば一平方メートルに十二芽。収穫量一ヘクタールに最高百ヘクトリットル、アルコール度八・五以上。七五年から土と品種の関係をこまかくきめてゆく傾向にある。百二十五の場所に百十の特級地が指定された。

現在アルザスには八千人がブドウ栽培に関係している。アルザスＩＮＡＯでは年間一万五千点のワインをチェックする。一回に三十点が限度で、年間百回のデギュスタシオンを行なう。

〝遅い収穫〟ワインの生産条件についてもＩＮＡＯが規定している。①栽培者は摘みとり予定日をＩＮＡＯに通知。ＩＮＡＯはブドウの糖度をチェックする。ブドウ液一リットル中に、リースニングとミュスカは糖分二百二十グラム以上、ゲヴュルツとピノ・グリは二百四十三グラム以上を含有のこと。②砂糖を添加してはいけない。③収穫から十八カ月目にデギュスタシオンをする。色、香、味など味覚上の厳格な資格審査には、生産者が参加。ただし審査対象のワインの生産者名は明らかにしない（不合格ワインも多々ある）。④ミレジムを明記すること。⑤生産者は生産量を報告すること。

その年の気候によって生産量がちがう。アルザス全体で、例えば、八三年七千ヘクトリットル、八四年には〝遅い収穫〟ワインはできなかった。八五年一万ヘクトリットル、作った人二百二十人。八六年三千ヘクトリットル、作った人六十人。

また雨だ。

パリでは腐った夏だといっている。

七月も終わりというのに私はセーターをきてダイス家の前庭に坐っている。家の前をワインルート15が走っている。ルート15は北から南へ百八十六キロメートル、四十六のワイン村をつないでいる。昔は子供たちが学校へ通ったという山沿いの旧道だ。やはりドイツナンバーの車が多い。ベルカイム村。アルザスのあちこちにある小さな村の一つ。ベルカイムとは丘の家という意味だそうだ。尖った教会を囲んで村があり広場があり噴水がある。喜びにつけ悲しみにつけ村人の中心になる。〝お祭りの泉〟。ブドウの収穫が終わったあと村の男たちが、ブドウの木の神さま、聖ヴァンサンさまの御像をかついでブドウ畑をねり歩く。雨が多かった年には、たんと降らせてくれてありがとうよ、とヴァンサンさまを頭からボチャンと泉に突っこんじゃうそうな。人口二千人足らず。大メーカーが五、六軒、あと中、小とあって、約三百人がワイン作りに従事するワイン専業農家だ。昔は馬を飼い、食べるためにはキャベツなどを栽培し、ワインは余技でよかったが、いまはそんな呑気なことはいってはいられない。ワインも経済社会の中に巻きこまれてしまった、とジャンミッシェル・ダイス（以下JMとする）がいっていた。

ダイス家は十一年前七十六歳でなくなったおじいさんのマルセルが遺産相続した二十アールの畑から出発した。現在は両親とJM《ジャンミッシェル》夫婦、傭人が十人の家族経営で栽培、醸造、卸小売りをやっている。畑は二十ヘクタール、うち八ヘクタールが借地、四十カ所に百七十の畑があって、二十五種～三十五種のワインを作る。年産十五万本～二十万本。現在アルザスを代表する一軒。父親のアンドレさんが畑を担当。ワイン作りと経営は息子のJM、今年三十三歳、アルザスワインを担う新しい世代のリーダーの一人。生産の半分を店で販売。あとは卸商を通じて七割をオランダ、ベルギー、ドイツ、イギリス、アメリカなど、八六年からは日本へも輸出するようになった。おくさんのクラリスが瓶をかかえて単身日本を訪れ、売り歩いてようやく代理店をみつけてきたという。

JMはいう。

ワインは僕らの住む家と同じように三つの部分でできている。まず第一に基礎。第二に壁・柱・間仕切り。第三にインテリア、人が住んでいる家にはその人らしい色や匂いがある。ワインも同じだ。

さて基礎はミレジムだ。ミレジムつまりその年の天候がワインの基本的な性質を定義づける。いいミレジムは、アルコール度が高く、丸みがあってやわらかく、いろいろな要素がぎっしり詰まって複雑、豊醇のワインができる。雨が多く気温の低い年はその逆でワインは酸味がかってコクがない、丸みにも欠ける。つまりミレジムはワインを構成する基本要素＝酸味と甘味、そのバランスを決めるものだ。

一、番目は、壁・柱・屋根。建物を建物にする建築基本要素、これがセパージュ、ブドウの品種だ。アルザスのおもしろさの一つはここにある。一つの地方にいくつもの品種がある。つまり建物の構造がいろいろあるということ。例えばリースリングは縦型。高い建物。また三角形がさかさに頂点で立っている。ゲヴュルツトラミネールは横型。ヴェルサイユ宮殿だ。背が低く、横に広く、場所をとる巨大な建物。また坐りのいいお茶碗。

最後にテロワール、土がある。表土と芯土。標高は低いか高いか。陽当たりは北向きか南向きか、谷間か丘か平野か。これがワインのいちばんデリケートな部分、ワインの人間性といってもいい、インテリアの飾りつけだ。マンションの個々のアパートは一つの大きな建物の中にある。作りは全部同じだ。だが住む人がちがうので一戸一戸がちがってくる。同様にリースリングはどのリースリングも同じだがやはり一つ一つはちがう。品種は土の性質によって、よりよくその特性を表現できる。このテロワールの部分に人間の働きが含まれる。土からとれたブドウをどう料理するかという段階で、人間の感性、理解は重要だ。その点、料理における素材と料理人の関係と同じだろう。一人一人が感じたことを表現できる、という意味でワインの世界はリベルテ（自由）の世界だ。人間をみんな同じにしてしまったら残酷だ。

アルザスにはいろいろなワインがある。酸味のきいたワイン。香りの高いワインなど。

アルザスは気候がいい。しかしブドウ栽培にはぎりぎりの極限だ。太陽の多い土地ではないので、〝遅い〟品種しか使えない。ブドウに熟す時間が必要なのだ。そのため収穫も遅い。と、なにが起こるか。四五年、七一年、七六年、八三年に〝軽い土〟から僕らは悪いワインを作ってしまった。なぜか。ブドウが乾燥にやられたからだ。水が足りなかった。粘土質の土とちがって砂地は水はけがよすぎる。ブドウは人間と同じで、水がないと働かなくなる。七月十五日にブドウが房をつけたが、十一月十五日になってもブドウは同じ状態でいた。全然熟していない。そのため七六年には、アルコール度七度のリースリングやゲヴュルツトラミネールしかできなかった。逆に粘土質の畑には水が充分あったので、アルコール度十六、十七、十八度というすごいワインができた。僕にとって良質のワインは天候と畑の土質《テロワール》、ブドウ栽培者醸造者、さらにそれを理解するお客とのあいだに起こる一種の奇蹟だ。これらすべての要素がうまく噛みあうことだ。その点アルザスはこうした要素の一つ一つがどれだけ重要かを理解してもらうには最適の土地だと思う。

十時三十分。私たちは地下のカーヴにおりた。いよいよ彼の考えを実際に味わう。カーヴの温度は十四度。ＪＭが説明した。

これから八種のワインを試飲する。八つの土質のちがう畑で作った86年産のリースリングだ。同じミレジム。同じ品種。異なる土質がどんなワインを作るか、今日のデギュスタシオンの目的は、土質とそのワインとの関係を飲んでもらうことにある。弱い土から強い土へと飲みすすむことにする。

ＪＭは金属製の大醸造桶の蛇口をひねってＩＮＡＯの正式デギュスタシオングラスに一番目のワインを注ぎ、説明しはじめた。

1　畑名ベンヴィル　土質は沖積土。

沖積土とは河が山から運んできた石、砂、粘土と北風が運んだ肥沃な土が混じりあう。河と風がつくった土だ。軽く、春温まりやすいので、リースリングの遅い性質にはプラスする。このワインは香りが強い。緑。男性的。ドライ。レモンとアーモンドの味。細い。縦型。夏の日、疲れたとき、ワインだけで飲むのによい。

リースリングは遅い品種だ。毎年最後に摘む。いちばん早いピノ・ブランが十月十日、リースリングは十月二十二日頃だ。たとえばブルグのような〝冷たい土〟では〝遅い〟性質をますます遅くする。またリースリングの味より土が強く出る。〝軽い〟ベンヴィルでは最大限にリースリングだ。土（十パーセント）より品種の味（九十パーセント）だ。子供を学校に入れる。宗教学校に入れるのと公立に入れるのは結果がちがう。ワインも結果だ。土の力による品種の教育だ。学校教育の影響が少ないと、その子のそのままがでる。

リースリングとゲヴュルツトラミネールはよいカップルだ。細く男性的縦型リースリングVS太く女性的横型のゲヴュルツ。縦型横型とは口にあたる味。

最大限にリースリングとは？　酸味、香りが強い。酸味が香りをサポートするからだ。青い実の香りだ。体格はガッチリしているが、肉感的ではない。マスキュラン（男性的）だ。ストイックで敵対的。向こうからは決して近づいてこようとしない。そこへゆくとゲヴュルツはフェミナンだ。若い女性。すぐ腕に抱ける。すぐにすべてを差し出す。こちらは抱いてやればよい。努力がいらない。ゲヴュルツはレンブラントの絵だ。目でみてわかる。目に美しい。リースリングは自分の中にも絵を描きながら眺めなければならない。

2　畑名サン・イポリット。花崗岩の砂地。ブドウの香りがこない。悲しいワイン。酸味が少ない。内気なワインだ。

ワインには二種類ある。デギュスタシオンによいワインと、食べものといっしょに飲んで活きるワインと。レストランで自分のワインを飲んで、こんなワインだったかとびっくりすることがある。熟したブドウの酸味は決して突きささってこない。リースリングは酸味のあとに少し苦みが残る。これがソースにあう。これはいっしょに食べるワインだ。

サン・イポリットの土は大きな石から小さな石、風化によって海岸の砂のようにこまかく春にはすぐに温まるが雨が少ない年には水が不足。この土は、毎年いいワインを作るとはかぎらない。

3　畑名グラスベルグ　石灰土だ。標高三百十メートル。浅い表土と石だけだ。芯土がないので水をためることができない。石灰質の土からは肉太のワインはできない。細くて縦型。攻撃的である。デギュスタシオンに向かない。グリルした魚にあう。

4　畑名ブルグ　さっきいった粘土質の冷たい土。重く深く、豊穣だ。雨がやみ、草を切った、その切り口の匂い。ゆっくり開いて、だんだんに海、ヨードの匂い。草の匂いは縦型。そのあと濡れた石。また海。そして胡椒。酸味も丸く太い。味の進行が大きなカーヴを描く。二、三年おけばぐっとヴォリュームがでてくる。ワインそれ自体が口に喜びだ。土の性質上、摘みとりが遅い。だから保存によい。完熟ワインの可能性につながる。

5と6　畑名エンゲルテン　小石まじりの軽い土だ。そこに、古い木と若い木の畑が同居している。若い木は二十五年以下、年輩の木は四十年〜五十年。同じ品種。同じ土の場合、木の年齢はなにを与えるか。若さ＝フルーティ＝ブドウの味がストレートに。古さ＝香りよりも味の複雑・丸み・エレガンスへ向かう。また若い木はただちに気候に反応する。乾燥したらすぐ水不足で悲鳴をあげる。さすがに古い木は地中に深く根をはっている。土の深さに応じていろんな栄養分を吸い上げてくる。水分も深いところからみつけてくるから乾燥に強い。

若い木のワインは尖っている。突っかかってくる。年輩ワインは尖っていない。軽やか。開いている。花。まろやか。レモンだけれどママレード的。色はむしろ薄いが、バナナが熟して蜜に向かう。

ＪＭが熱っぽくつづける。

リースリングは白い木だ。土のメッセージを詩にできる。だからアルザス的だ。アルザスの風土をもっとも代表する品種だ。リースリングは酸をベースにして作りあげるワインだ。甘味が得にくい。だからリースリングの酸味にバランスする甘味ができた年が僕にとっては大ワイン年だ。

７　畑名シュネンブルグ　粘土。石灰。小石まじり。重い土だが空気の通りがよい。したがってワインは、マンゴー、パパイヤの香り、バタ。味は複雑、深み、ぎっしりと百の要素が詰まったギュウギュウ満員ワイン。大ワイン畑には品種より土質が強くでる。二十年〜三十年は保存可能だ。

８　畑名アルテンベルグ　粘土と石灰土。軽い石灰質からくるレモンの香りと重い粘土質からくる複雑、繊細、エレガントの両性質をもつワイン。そして最後は胡椒の味で終わる。

アルザスの土はちがった土質のモザイクだ。アルテンベルグは粘土と石灰土がサンドイッチ状に積み重なっている。三十四ヘクタールに三十四種もの土質がある。

消費者の選択はいま〝少量・良質〟へ向かっている。土質の異なる一つ一つの畑のブドウを別々に醸造するのをやめて全部混ぜあわせて作ることも、もちろん可能だ。そして〝クラリスの樽〟というぐあいにワイフの名でもつけて売りだせば、商売はずっと簡単かもしれない。しかしそれではパーソナリティーがでない。僕は最大限に、そのパーソナリティー、その年、その土、その品種を取り出そうとしている。いま人は、個性を愉しみはじめた。

八種のワインを軽い土から重い土へ、すなわち力量の小さなワインから大ワインへと、値段でいえば一本二十五フランから一本七十フランを飲みすすみ、飲みくらべた。同じリースリングが土質によってどんなふうに、どれくらいちがうか、作者の口から、その作品をともに味わいながら、その因果関係が説き明かされる。若い作者は、グラスを手に迫ってくる。私にも、少しずつわかってくる。リースリングというワインのもつ香りの高貴と孤高、簡単には人をよせつけない気むずかしく閉ざした性質、そして、そのアルザス品種をこよなく愛しているアルザス人ジャンミッシェル。

ひきつづきゲヴュルツを試飲する。土質のちがいと、夕方の、もう一つの試飲のウォーミングアップだという。彼はふと言葉の調子をかえて微笑んだ。グラスのゲヴュルツが彼を転調させるのか。私もほっとする。

86年　ミッテルヴィール。ブリジット・バルドーがミニスカートをはいて、おしりをふって歩いてくる。ちらっとスカートをめくってみせる。僕らはさわりたくなる。これがゲヴュルツだ。

86年　サン・イポリット。このゲヴュルツはプロテスタントだ。暗い寝室に閉じこもって瞑想する。軽口もたたかない。キャソリック？　ジョークをいいあう。じゃれる。開放的だ。このゲヴュルツは美しい女性だがチャームがない。カレーライスに合わせよう。あの攻撃的なスパイス。その攻撃性をなおすものが必要でしょう……。

そのとき、息子のマチューが入ってきた。三歳。クラリスが息子を追ってとびこんできた。「ここは教会です。音をたててはいけません」有無をいわせない。さっと息子をつれさった。

「デギュスタシオンは全身の集中だ。人がいてはできない。五、六人のグループで、よく喋る人が一人まじっていたら、もうダメだ」

午後五時。今日二回目のデギュスタシオン。ワインは待望のゲヴュルツトラミネール。それもVendanges《ヴァンダンジュ》 Tardives《タルディヴ》。畑はダイス家秘蔵のアルテンベルグ産。ミレジムは76、79、81、82、83、84、85年。目的はこの七つの生産年の天候とそのワインとの関係を飲みくらべる。おくさんのクラリスも参加する。できるだけほかの匂いがしないようにと、ふだんは使っていない客用のダイニングルームで、またワインの色がよくみえるようにと、テーブルに真白いテーブルクロスがかかっている。彼ら二人もデギュスタシオン・ノートをとる。ＪＭが76年を注ぐ。

76年　１０８オクスレ（ブドウ液中の糖度をあらわすアルザス固有の表記法）。石油のような濃度はよいワインの証《あかし》。すでに十一年たっているが、しっかりとゲヴュルツだ。花のアローム、酸味もよい。収穫から醸造まで、この年ＪＭははじめてワインを作った。はじめて車を運転したときの、あの、理論は知っているがいざ乗ると不安、という気持。つづく二、三年は確信がない。七、八年たつ。すべてわかったと思う。そのあと確かだったはずのことがまた不確かになる。人生のようだ。

76年は大ワイン年になった。歴史的な暑い年で気温は四十度まで上昇。雨が少なく乾燥。八月一日にはもう実が食べられた。十月の終わりに収穫。こんなとき実は料理されているという。暑すぎると木も働かない（ブドウの適温は十〜三十五度、人間と同じだ）。十八度なら、らくらくと生きられるが、四十度になると、もう生きるのに精一杯。暑さから自分を守らなきゃならないから閉じてしまう。木が働かないから酸味が残る。そのため長期保存のワインができた。

79年　１０８オクスレ。気温が低く雨が多かった。小ワインしかできなかった。

81年　１１２〜１１３オクスレ。黄金色。鼻に静か。口にもゲヴュルツの香りがうすれている。小さな年だ。雨が少ない。湿気が足りない。ブドウが灼けた。ためにアルコール度は高いが酸味が少ない。おまけに皮が灼けた。香りは皮にある。香りの乏しいワインになった。完熟の実だけでＶＴを作った。

82年　１１７オクスレ。鼻には蜜と石油（化石）の匂い。口には胡椒とキャラメルの味。天候は最高だった。花が咲きすぎた。実ができすぎた。九月十五日に半分の房を切りすてた。花のときすでに実が多いことは予想していたが、八月末に実が太陽に当たるように葉を取り除く。そして実が多すぎることがはっきりした。世間の評判は〝ふつうの年〟だが、大ワイン年になった。八二年のように好天に恵まれて早く出発した年には、できるだけ葉を摘まないで湿気のある状態を作ってボトュリティス（カビ）の発生を待つ。そこでもし雨が降ったら、〝貴腐〟ではなく〝通俗腐敗〟だ。こんな年こそヴァンサンさまは噴水行き！　少量だが貴腐となった。完熟ブドウに貴腐ブドウを混ぜた。蜜の香りは貴腐ブドウに特有のもの。１１７オクスレはアルコール度十五・六度。アルコール度十三度に作るからワインに二・六度分＝四十四グラムの糖分が残った。

83年　１１２オクスレ。辛み。酸味。ゆっくりと口を灼いてひろがる。大ワイン年だ。いい完熟をした。例年通り十一月二十三日頃に摘んだ。ゲヴュルツは自然に熟せば１０５〜１０８オクスレまでゆく。

110オクスレになるためには外からの〝凝縮〟が必要になる。130オクスレは、貴腐なしには到達できない。

ここで、先ほどからしきりにでてくるオクスレについて説明をきいた。

オクスレ（OXLEX）はブドウ液の糖度をあらわす。フランスではアルザス固有の表記法で、もともとは、ドイツ方式だ。15°と数字の右肩に小さなO《オー》をのせて表記する。このオクスレによって、例えばVT（完熟ワイン）とSGN（貴腐ワイン）がなぜ甘いかは簡単に説明できる。

	1ℓの重さ（温度摂氏20度の場合）	オクスレ	砂糖含有量	含有糖分を全部発酵させた場合のアルコール度	アルコール度12度の場合にワイン中に残る砂糖
水	1000g	0°			
ブドウジュース	1075g	75°	170g	10°	
VT	1110g	110°	250g約	14・7約	55・9g約
SGN	1150g	150°	340g	20°	136g

・オクスレ＝1ℓ中の砂糖含有量
・7・5オクスレ＝アルコール度1°
・砂糖17g＝アルコール度1°

右の表の、SGNの場合を説明しよう。
まず150オクスレのブドウ液からアルコール度20°のワインを作ることが可能だ。

ところがアルコール度が12°になると、アルコール発酵が自然に止まってしまう。ワイン中に未発酵の砂糖が残る。残った砂糖の分量は次のように割りだされる。

アルコール度20°＝20°×17ｇ＝３４０ｇ

砂糖３４０ｇ－２０４ｇ（12°×17ｇ＝１３６ｇ）

つまり全砂糖含有量３４０ｇからアルコールに変わった２０４ｇを差しひいた残りの砂糖が、ワイン中に溶けて残っている。故に、このワインは甘い。

オクスレは、おそらく土地特有のワイン事情から生まれた、ワインの糖度を表現するための簡潔明快な方法なのだろうが、慣れないものには、なかなかピンとこない。

ついでながら、アルザスのＡＯＣは個々のワインについてブドウ液１リットル中の最低砂糖含有量を次のように規定している。

	ＶＴ	ＳＧＮ	（ＡＯＣアルザス）
ゲヴュルツ	２４３ｇ	２７９ｇ	１８７ｇ
ピノ・グリ	２４３ｇ	２７９ｇ	１８７ｇ
リースリング	２２０ｇ	２５６ｇ	１７０ｇ
ミュスカ	２２０ｇ	２５６ｇ	１７０ｇ

なおＶＴやＳＧＮを作るときは、収穫の二日前の十八時に糖度などを明示した規定の用紙をＩＮＡＯに提出しなければならない。ブドウ液の糖度は必要条件の一つで、それが規定量に達していなければ、Ｖ

TとSGNのAOCを取得することができない。すなわち、ラベルに〝完熟ワイン〟〝貴腐ワイン〟を名のることは許されない。

84年　117オクスレ。重み。酸味。苦味。肉付きのいい大ワインの将来が楽しみ。典型的な小さな年だった。雨が多かった。九月十五日〜十月十五日、毎日雨。幸い九月十五日には実は熟していたので、待った。待った。雨がつづいた。だが待った。ついにいボトュリティス（カビ）が発生。十一月の終わりに摘んだ。完全に貴腐《カビ》に助けられた。そうでなければ貧弱なミレジムだ。貴腐ブドウをまぜて117オクスレという完熟ワインを作った。

85年　117オクスレ。花の香り。酸味も複雑。しかしまだ若い。鼻の表現になっていない。大ミレジムだ。少しだがボトュリティスができた。ボトュリティスは、待てば待つほどワインを複雑で女性的にする。アルテンベルグは大きな土地だ、ブドウは完熟するが酸味が少ない。カビができにくい。湿気が少ない。太陽がよすぎるからだ。むしろリースリングによい。貴腐入りの117度ができた。

さてボトュリティスとはいったいなにか。

九月のはじめ、ブドウが熟しはじめる。貴腐を期待する。ブドウの実を貴腐にするのは自然の中に年中生きているカビ、これがボトュリティスだ。ボトュリティスは温度が高くなくても湿気が多い場合に発生しやすい（十八度九十五パーセント湿度）。ひょうが降ったり害虫に食われた傷口、葉にも小枝にも実にもついて、生きている植物を殺すこともできる。このカビがブドウが青いときについたらブドウは腐敗する。青い腐敗（pourritute verte）、または通俗の腐敗（pourriture vulgaire）。通俗腐敗のブドウからは悪いワインができる。生産者としては、まずブドウが一日も早く熟してくれるのを祈る。なぜか。ボトュリティスは糖度の高いブドウについたときはじめて高貴の腐敗（pourriture noble）となりうるからだ。では、貴腐を招くためになにをするか。生産者はただ待っているだけではない。

ところで、ブドウはどう熟すのか。

五月、芽が出る。六月、四、五枚の葉。

六月二十日頃、花が咲きはじめる。七月なかば、交配。交配は風による。この時期に雨が降ると花粉は飛ぶことができない。収穫量は確実に減る。

八月十五日、実がつく。十五日〜二十日に少しの雨がほしい。そして収穫までの太陽は絶対だ。

九月十日、熟す。ブドウを無事完熟へ導くための薬品など、この時期の〝予防医学〟はずいぶん進んだ。八月十五日〜収穫期までのあいだに酸味は減少、甘味がふえる。この下降と上昇のカーブの交叉点が収穫のときだ。

アルザスワインと認められるため（アルザスＡＯＣ）の条件は、アルコール度八・五以上。ブドウ液一リットルにつき糖分百十四・五グラム以上を含有すること。収穫開始の日付はＩＮＡＯが決定する。十月五日前に摘むことはない。ＪＭは十月十日頃から摘みはじめ、品種と期待するワイン像によって約五週間、例年リースリングの収穫が最後だ。雪の中のブドウ摘みもありうる。

そこで通俗腐敗をさけるために生産者になにができるか。〝貴腐〟と〝通俗〟を対比しながら説明すると、①芽が出る前に小さく剪定する　vs　長く剪定し、さらに肥料。②花が咲く。七月末に四十パーセントの実を切り捨てる→一房に二十〜二十五の実。ブドウは大変健康　vs　一房に四十の実。ブクブクのブドウ。③九月十日に雨が降りボトュリティス発生。健康ブドウは一リットルのブトウ液中百二十グラムの糖分をもっているので貴腐の可能性　vs　ブクブクブドウは一リットル中三十五グラムの糖分しかもっていないので青い腐敗はまぬがれない。

では、ボトュリティスがなぜ貴腐なのか。ボトュリティスはブドウの実の皮について、①糖分を食べる。②酸味を消費する。③ビタミンなども食べる。④水分を蒸発させる。その結果、糖が凝縮→糖度があがる→アルコール度があがる。ただしアルコール度が一定のところまでくるとアルコール発酵は自然にとまる。ボトュリティスが発酵に必要な酵母なども食べてしまっているからだ。それで糖分が残る。

ひたすら快晴の秋、ブドウは完熟するがカビは生えない。ただほしいのは朝の霧、午後の太陽、雨の降らない秋だ。できることはすべてやってボトュリティス向きの天気をじっと待つ。貴腐は人事を尽くして天命を待つワインだ。大ワインはいつも賭けなのだ。ボトュリティスのおかげでブドウは凝縮し、酸と糖分のバランスを損なわないまま両方の濃度が三倍あがる。三倍も甘ければ甘い甘いと感じるはずだが、実際には少し甘いだけだ。甘味に応じた酸味が存在するからだ。貴腐の条件は、この酸味と甘味のよきバランスと蜜の味だ。そして完全にカビにつつまれた実だけを一粒一粒選んで摘みとることだ。完熟は自然だが貴腐はちがう。健康なブドウをカビに食べさせて、わざわざ腐らせる。そしてそれを高貴と貴ぶ、一種の狂気、たしかにデカダンスかもしれない。

彼はつづける。

ワイン作りは人間の感情だ。理屈はわかっている。過去の記録がある。一つ一つの畑に今日までの実績がある。どんな年にどんなブドウができたか。そのブドウからどんなワインができたか。これから手がける一年でどんなワインにしたいか。そこへ、いろいろなことが起こる。紆余曲折しながら、めざす目的のワインへすすむ。ミレジム、生産年、とは、一年を通したこの紆余曲折のことだ。ワイン作りは子供の教育と同じだ。先生には決まったプログラムがある。テクニックもある。しかし十五人の生徒がいたら、一人一人の子供の状況に応じた教育をしなければならない。画一は現代の病気だ。

大ワインができるにはブドウが苦しまなくてはいけない。太陽が足りないとか、気温が低い、湿気が少ないというように、どこかでブドウが苦しむことだ。だから、なんでも豊富にある土地ではミレジムの問題はない。人間の世界におきかえると、若いときからスターだった人たち、すべてうまくいった人たちは、人間としてあまりおもしろくない人が多い。フランスでは、政治家は「砂漠の横断を終えないとダメだ」という。ブドウもそうだ。

ワインは料理とそっくりだ。しかも僕にとって大切なのは、お皿の中になにがあるかではない。ワインと、どれだけ、お話しできるかだ。ワインとはなにか。ワインはパーソナリティーだ。なにかを語りたい欲望をもっているものだ。たくさんのコミュニケーションのできるワインが大ワインだ。今日の社会に、自分のワインが、自分の中にあるものを表現できなかったら、僕はハラキリしたほうがいい。ワインは瓶に詰めてしまったら、もうどうすることもできない。ワインがそうあるままを僕は受け入れるしかない。僕の作る分量なんて、たかがしれたもんだ。だから、ジャンに売ろうと、ピエールに売ろうとポールが買おうと、関係ない。僕の問題は、僕の作ったワインが僕の言いたかったことを表現しているかどうかだ。

フランスのワインを理解するのは東洋人にむずかしいか？　そんなことは絶対にありえない。ワインは僕らのいちばん人間的な部分に話しかけてくる。だから僕は答えてあげればよい。文化のちがい、国のちがいなんてあるとは思わない。あったとしたら大変な問題だ。世界のどこかに生まれたから、人間がいちばん求める一種絶対的なものに届きようがない、ということになる。そうだとしたら神さまは大変なまちがいをおかしたということだ。ワインはユマニテだ。自由であり博愛であり平等だ。

　ＪＭの目はつりあがり、燃えあがり、仁王さまを思わせた。言葉がほとばしり出る。全身が語りつづける。つと立った。ＪＭは新しくもう一本のゲヴュルツをもってきた。そのラベルにはそこだけが優美な花文字体で、〝Selection de Grains Nobles《セレクション・ドゥ・グラン・ノーブル》〟とある。〝高貴の実の選択〟。貴腐ワインだ。85年産。アルテンベルグ。ＪＭがはじめて作った貴腐。

「……蜜の香り。中国果実ライチイの香り。グレープフルーツの酸味。濃縮、複雑」

　彼は突然立ちあがって両腕をひろげ天をふり仰いだ。

「このワインは大きい」

　探しながらつづける。ワインを口に含む、噛みながら食べながら探しつづける。

「四十歳、成熟した、宝石をつけて、洗練された女、僕らは、見とれてしまう。熟した女だ。見られることで、男の目を通して存在する女性ではない。その人間として存在する」

「女優なら？　ロロブリジーダ？」

「ノン」

「ソフィア・ローレン？」

「ノン」

「カトリーヌ・ドヌーヴ？」

「……」

「ミッシェル・モルガン?」

「ほらイタリアの監督と結婚した、『カサブランカ』の……」

「バーグマンだ!」

「そう、イングリッド・バーグマンだ」

大デギュスタシオンの一日は終わった。

デギュスタシオンは集中力だ。口に含んで必要な情報を味わいとったら吐き出しなさい、とJMは今朝最初にそういったが、しかしそれでも飲みこまずにはいられないワインがある。私にも、バーグマンは納得だった。

「心配しなくていい。貴腐は消化にいい。すでにカビが一度食べているのだから」

私は飲みほした。グラス一杯の蜜の香りとデカダンスを。よし、世紀末に、今日のこのゲヴュルツを飲んでやろう。あと十三年だ。二十世紀最後の日の私のワインリストは「いいワインを作ればかならず売れる」と微笑んだモンラシェのおじいさんのモンラシェ。「ワインは土です。人間は土以上のものは取り出せないのです」と土をぐっとつかんで示したベルエさんのペトリュス。私の好きなシャトー・マルゴー。そしてこの、JMのゲヴュルツトラミネール、高貴の実を一粒一粒摘みとったワイン……。

ミレジムは太陽である。品種は味だ。土は性格だ。大地と大気。そして人間。そう、ブドウにとって人とは神に近きものだという。ワインは人が、感性と知恵と、冒険する勇気と、その情熱のすべてを注ぎつくして作るものだ。

パリへ帰った。

アルザスの空。ブドウ畑。あの土。あの風――。

JMのゲヴュルツをもってレストラン「キャレ・デ・フイヨン」へいった。

キャレ・デ・フイヨンはパリ八区、ホテル・リッツのそばにあるミシュラン二つ星のレストランだ。アラン・ドゥトゥルニエはそのオーナーシェフである（オ・トゥルー・ガスコンのオーナーでもある）。フランスは南西部、フォアグラの本場ガスコーニュ出身。小さいときからフォアグラを食べて育った。おやつはパンにフォアグラ（バタではなく）を塗って食べるという土地柄。さすがに彼の肉料理は食べでがある。このフォアグラ太郎がまた大の話好き、人なつっこく、飲み、食い、話しこむ。試飲会にも姿をみせる。そして見つけだした〝われわれの好きなワイン〟をどんどんリストにのせる。お客さんにも飲んでもらう。

『ゴ・ミヨ・ワインガイド』で読んだ彼とゲヴュルツについては、私の記憶に残っている。

「アルザスは、なんといっても白だ。その白は、まず魚か、甲殻類か貝類と合わせるのが常識である。香りがよい、個性がはっきりしている。蟹や海老には絶好だ。だがそれだけではない。リースリングはシュークルートと完璧だし、生産量が少ないので、なかなかチャンスのないトケは全食事を通して堂々とやってゆく。もちろん肉料理ともよい。ところがゲヴュルツ、個性の強い、香りと力のあるこのワインについては、それだけで飲むという通《つう》を別にすれば、まだつかみきれないものがある。大料理との思いがけない取り合わせが可能なのではないか。十八人の大シェフに、〝アルザスワインと合わせるとして〟を語っていただいた」

そこでアランが登場し、ゲヴュルツを選んで二つの料理を合わせている。特に〝エスカロップ・ドゥ・

フォアグラ・ドゥ・キャナール・オ・レザン〃片カナで書くと長い名前の料理だが、一言でいえば季節のブドウの実を添えたフォアグラのステーキだ。彼は説明している。

「鴨のフォアグラは火を入れると濃厚で繊細でこってりした味がでる。軽く酢に漬けたブドウを鴨のガラでとったダシに、このダシにも酢をきかせて、からめます。少し酸っぱく甘く、そして濃厚な料理です。力があって、しかも酸味もしっかりともっているワインがほしくなります」

彼の説明はわずかこれだけだったが、私の口先にはフォアグラが焦げる香ばしくトロっと甘い匂いがしてきた。そんなこともあったので、アルザスから持ちかえったJMのゲヴュルツに合わせて、ぜひフォアグラのエスカロップを焼いてもらおうと思ったのだ。

やりましょう、と即刻のうれしい返事、そして語りだした。

はじめてゲヴュルツを飲んだとき、すぐに好きになった。出身地のガスコーニュはフォアグラやキャスレ（白インゲンとソーセージなどの煮込み）や塩漬けの鴨などヴォリュームのある田舎料理の土地柄だ。またバスクなどスペイン国境に近いため、ほかの土地よりはカレーなどエキゾチックな香辛料をよく使う。ジビエのソースにはチョコレートも使う。フォアグラは牛肉より安い。学校からおなかをすかせてかえると、ばあさまがフォアグラを焼いてくれた。アランはのりだした。

「秋になったらやりましょう。ブドウがでたらフォアグラを丸ごと焼きましょう。カッと強火でまわりを焦がします。四十～五十パーセントは溶けちゃいます。フォアグラは脂肪のかたまりだから。とけたフォアグラの脂でフォアグラが焼けるんです。粗塩を噛みながら食べるんですよ。秋にやりましょう。ソーテルヌのいいのも見つけよう。シャトー・シュドゥイロー。49年ものがあるといいんだが。ハハッハ。僕の生まれた年なんですよ」

私はその夜シャトー・ディケムについて読んだ。

アランの話。甘口白ワイン、ソーテルヌとフォアグラ。フォアグラとゲヴュルツの貴腐。とろける脂と絡まる蜜。ふと、浮かんだ。北と南。もしやアルザスの貴腐とあのイケムは結びつくのではないか――。そうか、やはりそうだったのか。活字を追いながら私の旅は南南西へ進路をとりはじめている。

「シャトー・ディケムはラインワインの〝摘みわけ〟の手法をもちかえって一八四七年にはじめて作られた。品種はボルドーのセミヨン八十パーセント、ソーヴィニヨン二十パーセント。ゆっくりと醸造し三年半新樽に詰めて寝かせる。その間に二十二パーセントのワインがなくなる。アルコール度平均十四度。糖度五・六。ボトュリティスの発生を待って作る。ワインの作られ方としては完璧。フランスを代表する甘口白ワインである。十年から百年の熟成が理想。六四年、七二年、七四年にシャトー・ディケムは生産されていない」

（87年11月）

Ⅲ

【パリからのワイン通信】

デペッシュドパリ

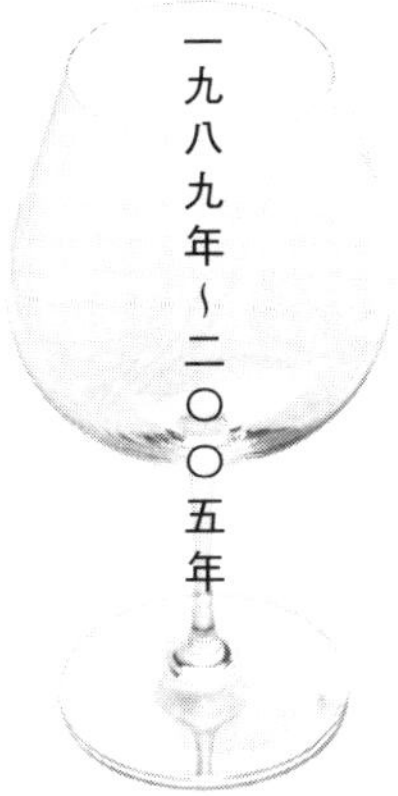

一九八九年～二〇〇五年

パリ産のワインは、モンマルトルのブドウ畑から

どう見てもフランスの男たちは、〝日曜大工〟や〝日曜機関士さん〟よりは〝日曜ワインメーカー〟に向いている。パリ産のワインがコレクターや愛好家たちのあいだで評判だ。パリを中心にしたイル・ド・フランスは、かつてはフランスの重要なワイン産地だった。パリがまだリュテスと呼ばれた四世紀頃は、それこそボルドー、ナルボンヌ、トレーヴと並び称される四大産地の一つだった。さらにワイン作りは発展し、中世にはセーヌ、マルヌ、ロワール河畔へとブドウ栽培は広がった。一七八九年のフランス大革命時には四万五千ヘクタールの畑があり、そのワインは、〝ヴァン・フランセ《フランス・ワイン》〟の名で売られていた。19世紀に入ると生産過剰で質は低下、地方産のワインに立ちうちできなくなる。一八九八年には害虫フィロクセアにおそわれる。20世紀に入ると都市化の波にあらわれブドウ畑は次々につぶされる。で現在に至るのだが、一九三三年にパリのブドウ畑に小さなルネサンスが訪れる。サクレクール寺院のふもと、有名なモンマルトルのブドウ畑がそれ。区役所の手で一七四二本の木が植えられた。毎年約千本のワインがとれ、競売に付されて収益は区の恵まれない人々へ。ワインの名前は〝クロ・モンマルトル〟、ラベルも観光名所モンマルトルを描いた絵葉書ふうだ。15区でも区役所がジョルジュ・ブラッサンス広場南側の屠殺場跡に八〇〇本の木を植えた。85年が初収穫で、その名は〝クロ・デ・ムーラン〟。また9区には消防士さんが大切に育てている六本のブドウから平均生産30本、87年には46本の記録をだした。なんと〝シャトー・ブランシュ〟がその名。ビストロのおやじさんも負けてはいない。11区のジャック・ムラックさんは一本のブドウを後生大事に、界隈の人々を集めて収穫祭までやる。ブドウはビストロの地下に根

をおろし店内をのぼって屋根へとはっている。これも堂々と〝シェ・ムラック〟。お味ですか？これから飲みに参上するところです。

――（89年4月）

ワインを味わうためのグラスはクリスタル、型もワインにあわせて

クリスタルグラスは、ワインをおいしく味わうための発明だ。ワインは、まず香りを飲み、色を飲み、その香りと色が期待させる〝期待〟を味わい、そして口へと運ぶ。ワインは、この目と鼻と唇までのプロセスが、唇以後より、場合によってはそれ以上に重要だ。だから、ワインにおけるグラスは、ワインのこの特性を満足させようとして工夫された。ワインを味わいつくそうとする情熱と美味探求が、クリスタルグラスを生んだといえる。フランスでは一七八〇年に、ルイ15世公認の王室グラス工場ではじめてクリスタルが試作された。そのサン・ルイ・クリスタル社によると、ふつうのガラスは砂とカリで作る。クリスタルは、そこに鉛を加える。砂4＋鉛2＋カリ1がその割合。鉛が24パーセント以上入っていないとクリスタルとは呼べない。バカラと並ぶサン・ルイのクリスタルの鉛含有量は30パーセント。なぜ鉛を混ぜるのか。鉛はガラスの透明度と輝きを増す。そしてなによりも美しい音。クリスタルかどうかを見わける早道は、爪ではじいてみること。その音色は冴えざえと涼しく、にごりがない。ではなぜ30パーセントか。鉛をどんどん加えても限りなくクリスタルにはならない。30パーセントを超すと不安定なグラスができてしまうそうだ。ガラスが洗練される一方で、グラスの型も、酒の特性によって、さまざまなものができた。型は様々である。

例えばシャンパングラスは、なぜ縦長のフルート型が好まれるか。答えは泡。真珠のような小粒の泡が輝きながら昇ってゆく、その美しさ楽しさをマキシマムに味わう。ブルゴーニュや特にコニャックは風船型。その答えは芳香。風船の中に存分に香りをためこむ。リキュールは食後やおやつに少量という濃いお酒だから、小さい。小さな泡のシャンパンも、冷えびえとした白ワインも、ルビー色の赤ワインも、クリスタルグラスに注がれたワインはテーブルに美しい。唯一の条件は指紋のない清潔なグラスであること。

――(89年12月)

太陽がいっぱいだった一九八九年は前例をみない大ワインの年

ミレジム一九八九年。革命二百年のフランでは、たしかにぶどう畑のお日さまもご機嫌がよかったようだ。日照が不充分な年には砂糖を加えてアルコール度をあげるボジョレでも、今年は砂糖は一粒も入っていません、と胸を張る。新聞、雑誌も、89年は〝例外的によい年〟〝前例をみない大ワイン年〟〝世紀のミレジム〟と大ミレジム予想は続々だが、生産現場はむしろ慎重。天候はよかったが、〝世紀のミレジム〟判断はまだ尚早と。ここにボルドーはサンテミリオンのシャトーからの手紙89年九月二十八日付を紹介する。大ミレジムの根拠をさがしてみよう。

「シャトー・アンジュリュスでは、昨日、収穫を終えました。89年ワインの質を判断するのは、もちろんまだ早すぎますが、今年のような好条件に恵まれることは、まず、めったにありますまい。冬は暖かく湿気が少なかった。例外的に乾燥し、季節が早くきた。〝今年は早い〟という年よりさらに平均して一週間、88年よりは三週間も早かった。五月の終わりにメルロ品種が、その一週間後にはキャベルネ品種が、すべて開花。七月十一日初果実、小さい青い実がついた（88年は八月二十四日）。九月六日（88年は九月三十日）サンテミリオンのトップをきって収穫開始。九月二十七日収穫完了（88年は十月十四日）。今年のブドウ摘みは芸術的ともいうべき理想的状況で運びました。実際に摘んだのは十日間ですが、畝ごとに、ブドウが完熟するのを見きわめて延べ二十一日間の収穫でした。この前例をみない好条件のいい部分は、いま全部われわれの手の中に入っています」。

今日十一月十五日同じシャトーに質問する。

Qなぜ予想できないか。

Aブドウの生育と収穫については、少なくとも過去25年に例をみない好条件です。それだけに、いままで経験したことのない不慣れな条件であるがために、作っているわれわれにも確かな予測は難しい。90年四月までお待ち下さい。

——（90年2月）

クルュ・ブルジョワで、ボルドーワインの格と質を知る

クリュ・ブルジョワ（Crus Bourgeois）は、ボルドーはメドック地方で昔から使われている、ワインの格をいうことばだ。しいて訳せばブルジョワ銘柄だろうか。クリュはぶどうの銘園のこと、ブルジョワはフランス革命を推進した社会階級。貴族・僧侶・ブルジョワ・農民の順で並べられた。で、クリュ・ブルジョワといえば、まずボルドーワインであり、サンテミリオンやポムロール

でなくメドックワインであり、白ではなく赤ワインである。現在二百余のシャトー群がこの〝ブルジョワ〟グループを作っている。さて、ボルドーワインの格＝階級序列の話がでれば、まっさきに語られるのは、いわゆるグラン・クリュ・クラッセ（Grands Crus Classés）。世界のワイン界に厳然と輝く、六二のエリート〝貴族〟シャトー群だ。この六二の貴族シャトーは、さらに一級から五級に格付・分類されているのはご存知の通りだ。で、ボルドーワインの階級序列は、頂点にこのグラン・クリュ・クラッセ62シャトーを置き、第二位にクリュ・ブルジョワ二百余シャトー、第三位にクリュ・アルティザン（家内工業）第四位にクリュ・ペイザン（農民）の順でつづく。そこで疑問。その1　格すなわち質か。その2　格（質）すなわち値段か。答はおおむね、格すなわち質、質すなわち値段だ。というのは、まずこの格付は、一朝一夕になされたものではなく、現場のプロたちの長年の経験が作り出した解答だからだ。しかし同時に、百年前の解答が、今日そっくりそのまま正解とはいえない。なぜならワインは土が作るものであり、また人間が作るものであるからだ。単純な話、道一本へだてた二つの畑。最上級の畑に怠け者の並みの作り手。隣りの中級畑に頑張り屋で天才的作り手。結果はどんな質を作りだすか。最近いい本が出た。クリュ・ブルジョワ二百余ワインの、いわば戸籍を洗ったもの。革命200年を記念して出版。しのぎを削るボルドーワインの格と質と値段研究の楽しき一助となるだろう。

――（90年6月）

〈ル・ヴェール・エ・ラシェット（Le Verre et l'Assiette）〉は
ワインと料理の本を揃えた本屋

コツコツとものを育ててゆく人がいる。その、きばりもせず楽しみながらのコツコツがパリの街をいろどりあるものにする。〝グラスとお皿〟LeVerre et l'Assiette、という名前の本屋もそのひとつ。一九八一年に二人の男女がはじめた。ロジェ氏はカメラマン。ミシュリーヌさんはワインと料理のジャーナリスト。二人のそれぞれ20年のキャリアが〝グラスとお皿〟に定着する。在庫三五十冊の小さな小さな店だった。もちろんパリには、ワインと料理を専門に揃えた本屋は当時まだなかった。82年ミシュリーヌさんがまたペンをとる。黄色いザラ紙二つ折りの〝レター〟で新刊書とその著者の紹介をはじめる。88年黄色いレターはアート紙・写真入り・カラー刷り24ページの情報小冊子に成長する。「料理の本はどこ?」「ワインの地図は?」ときかれると、いそいそと、このコツコツ屋さんを教える。静かな口コミに集まる人々が店の雰囲気を作る。その雰囲気と情報にまたお客さんがくる。コックさん、ソムリエ、ワイン関係者、ワイン好き、料理好き。社会階層にも関係がない。いろいろな種類の人がきて時を過ごし言葉を交わす。人がつめかけて、満員にならないところがありがたい。ガストロノミーの部屋とでも呼ぶか、その小さなスペースに午後のいっときをすごすとき、ふしぎになごやかな気持になる。いまフランスの料理界になにが起こっているか、ワイン界はなにを求めて動いているか、本の表紙やタイトル、活字や写真が語りかけてくる。そのニュース・情報の中を散歩しながら、人はいま何を探して生きているのかと思ったりする。飲食が人間の生活の基本にあるものだからだろうか。〝グラスとお皿〟は開店十年を迎えた。相変わらず目立たない店。一階が料理の本、地下がワインの本で、現在在庫は四千冊。「お客さんは、こういう世界の方がたです。目にきれいな本がお好きですね」。〝飲んだり食べたり〟の本屋の主人はいっていた。

――――――――（91年5月）

パリのレストランで静かに流行中のデザートワイン、バニュルス

パリのレストランでここ五、六年、静かに流行しているワインがある。チョコレートの匂いのする甘い赤ワイン。〝バニュルス〟がそれ。フランスのデザートにはチョコレートを使ったものが多いが、そのデザートのチョコレートにワインのチョコレートを合わせる、洋服でいえば同系色のおしゃれだろう。バニュルスはスペイン国境に近い南の産。地中海のギラギラした太陽が乾燥した斜面のブドウ畑を灼く。ブドウも真っ黒いグルナッシュという品種を主として使い、熟すだけ熟させて、一二八五年に発見されたという特殊な製法でブドウの自然の甘味を残す。〝自然に甘いワイン《ヴァン・ドゥ・ナチュラル》〟と呼ばれる。色は濃く、香りも味も熱い。アルコール度が高い（最低14度）、そして未発酵の糖分を残しているから甘い。フランスワインというよりは、もうポルトだ。生産量が少ない。少数の通がアペリティフや食後に愉しんでいた。ふとしたことでパリへ〝上京〟のきっかけをつかむ。アラン・サンドランスさん、ヌーヴェル・キュイジーヌの旗手の一人、現在パリの「ルカ・カルトン」のシェフが、彼の鴨料理〝アピシュウス風〟にバニュルスを小グラスに一杯そえて出した。アピシュウス風はコリアンドルとコショウとキュマン、個性の強い三種の香辛料をつぶのまま蜂蜜に

混ぜこんでカモの全身に塗りつけて丸焼きにする、大胆、粗野で豪快な鴨料理だ。この蜂蜜鴨に、シェフ〝新発見〟のワインはよく似合った。十年前のことだ。ここに一本のバニュルスは一九七七年産。アルコール度一七・五度。含有糖分一リットル中68グラム。ブドウの樹齢40〜50年。摘み取りは十月十日。太陽で煮詰まったブドウだ。十年間樽で熟成。89年三月に瓶詰め。黒く熟した赤いフルーツに砂糖を入れて煮ると、ぷつぷつ煮えて甘い匂いが立ってくる。それに似た匂いとチョコレート。熱く灼けた土の産物は同じく熱い国のチョコレートに仲間をみつけたようだ。遅い午後、深く紅い色を満たすグラス。シャンソンよりはフラメンコでしょう。

――(91年9月)

アメリカの専門誌が選ぶ、世界の優れたワインリストのレストラン

『ザ・ワイン・スペクテーター』はニューヨークで発行の、ワインと食をテーマにした年間22回発行の情報誌。創刊一九七六年。発行部数十万部。年間購読料40ドル。読者はもちろんアメリカ人が中心だ。この雑誌が毎年一回〝グレイト・レストラン・ワイン・リスト〟という特集号を出す。一年間の情報をベースにしたもので、ミシュラン(フランスのレストランとホテルのガイド)のワイン版と思えばいい。パリでは、〝マジメである〟とプロたちの評判はわるくない。世界24カ国から、優れたワインリストのレストラン合計八七六店がリストされている。アメリカが中心で、インターナショナルの項には、オーストラリア、オーストリア、ベルギー、カナダ、イギリス、フランス、

ドイツ、オランダ、ノルウェー、スペイン、スイス、スウェーデン、プエルトリコ、ベネズエラ、ホンコン、日本など。記載事項は、レストラン名、住所、電話、クレジットカード、食事の値段。問題のワインリストについては、どの地域のワインに強いか。ワインの種類と在庫数。値段、三段階にわけて、安い、普通、高い。そして総合的に、大賞、最優秀賞、優秀賞の三評価を与えている。すなわち三つ星、二つ星、一つ星だ。〝三つ星〟は90店ある。フランスでは一つ星一店、二つ星八店、三つ星五店で合計14店。パリにある三つ星の店をあげてみよう。ルカ・カルトン（ミシュラン三つ星）。強い地域、ブルゴーニュとボルドー。値段、高い。リストのワイン四七〇種。在庫四万五千本／タイユヴァン（ミシュラン三つ星）。ブルゴーニュとボルドー。普通。五七〇種。30万本／タン・ディン（ベトナム料理）。ポムロール、ブルゴーニュ、アルザス。安い。九百種。四万本／トゥール・ダルジャン（ミシュラン三つ星）。ブルゴーニュ、ボルドー。普通。六千種。30万本。

ちなみにアジアでは香港が四店、日本からは東京南麻布のレストランひらまつが一つ星に選ばれている。

——（91年10月）

88年、89年、90年と三年連続の大ミレジム、例えば試飲会で、89年のポムロールは20点満点の19

パリでは特にその機会が増えた。企画の組み方も洗練されてきた。この試飲会盛況の背景には、88年89年90年と三年連続の大ミレジムがある。二年続きはありうるが「質が高く量が多い」

が、続けて三年はフランスワイン史上でも珍しい。同時に世界的不況がある。良質と多量を売らなければならない。ワイン界も黙って作っているだけでは消費につながりにくい。知られること。情報を発信すること。

で、「ポムロール89年とソーテルヌ90年」の試飲会もそのひとつ。会場はホテルの大広間で、レストラン業者、ソムリエ、ジャーナリストなど約六百人のプロが午前と午後二回にわけて、赤白62種類、ポムロールの39シャトーとソーテルヌの27シャトーのワインをテスティングした。ソーテルヌとポムロールはスマートな組み合わせだ。二つの生産地は同じボルドー。生産量がどちらもそれほど多くない。それぞれ格がある。ソーテルヌにはシャトー・ディケムが、ポムロールにはペトリュスがある。ソーテルヌは甘口の白。ポムロールは赤だ。競争関係ではなく、テーブルで共存共栄するワインだ。また生産者とじかに話をしながらそのワインをテスティングするのも、この種の試飲会のメリットのひとつ。試飲の結果をポムロールにかぎって報告しよう。89年産のポムロールは全員が成功しているようだ。質にバラつきがない。39シャトー中、出来のよくないワインはひとつもなかった。89年産のポムロールの質が確認できた。89年産のフランスワインは、天候に恵まれてブドウの収穫前から世紀のミレジムの評判が高かった。ポムロール89年は期待を裏切らない。しかも「今日から飲めて10年15年保存のワイン」となった。プロたちの評点は20点満点の19。こんな年こそ一ダース買って、今日から12年間、毎日一本ずつ、大ミレジムワインの成長成熟を愉しみたい。89年の価格（プリマ売り）は、88年産より15～20%の値上がり、90年産より15～20%安い。ポムロールは総栽培面積七五〇ヘクタール、一七五シャトー、生産量年産平均約四百万本。

（92年7月）

89年は天候に恵まれてフランスワインの当たり年、アルザスは高価な〝貴腐ワイン〟で勝負した

アルザスワインの試飲会があった。40軒のメーカーが、88年89年90年の「遅摘みワイン」と「貴腐ワイン」約四百種を披露した。89年は天候に恵まれてブドウはよく熟し、フランスでは甘口・白ワインの当たり年だが、この日の試飲会は89年アルザス白・甘口の豊年満作を示した。ご存知のとおり、アルザスはフランスの東北部にある特殊なワインの産地だ。ブドウの品種が八種類ある。その一品種から一種類のワインを作る。品種名がワイン名だ（シルヴァネール、ムスキャ、リースリング、ゲヴュルツトラミネール、トケ）。各メーカーは、五、六品種を栽培するが、畑によって土質がちがうので同じ品種のブドウからも、ちがったワインができる。その上に、この甘口の「遅摘み」と「貴腐」ワインがある。一軒のメーカーが毎年25、26種のワインを平気でつくっている。

それにしても四百種はクレイジー！　アルザス全員が「遅摘み」と「貴腐」にうつつをぬかしたのだ。過去十年のアルザス「貴腐」ワインの生産量をみよう。81年22ヘクトリットル（以下hlと略す）、82年42hl、大ミレジムの83年791hl、フランス全体が不作の84年15hl、85年226hl、86年441hl、87年32hl、フランス中が大ミレジムの88年3443hl、そして89年12276hlと異常な量に達した。90年5336hl、91年281hl。何が彼らを「貴腐」に走らせたか。ミレジムだ。即ちその年の天候、即ち日照量、即ち太陽がブドウに降り注いだ熱量だ。ブドウは早々と熟した。完熟したブドウの糖度は高い、酸味もあった。フルーティーな香りも充分にある。豊潤でバランスのとれた三拍子揃ったブドウ、そのブドウにボトゥリティスが発生した。ボトゥリティスは「貴

腐」を生むカビだ。このカビぬきには貴腐ワインは作れない。だが、ブドウが熟す以前につくと、ブドウを腐敗させる。貴腐ワインのための条件はととのった。世紀のミレジムだ！　「貴腐」作りはアルザスワインメーカーの夢なのだろうか。「貴腐」はグラス一杯を賞味する甘くリッチなワインだ。たくさんは飲めない。しかも高価だ。この大量は売れるのか。アルザス89年の幸運を祈ろう。

（92年9月）

安ワインで甘んじてきたロゼが、最近パーティーなどでシャンパンのかわりとして出るようになった

ロゼとは、コート・ダジュールで水代わりに飲むワイン。赤でもなく白でもなく、どっちつかずの半端ワイン、パリの安ベトナム料理店や中国料理店で出す安ワイン。長いあいだこんな評価に甘んじてきたロゼがいよいよ市民権を得ようとしている。どの世界にも新しがりはいるものだ。勇気ある彼らはシャンパンのかわりにロゼを注ぐ。グラスのロゼが目にも口にも美しい。平凡なホテルのパーティーがいっきょにしゃれたものに変わる。もちろんシャンパン一本とロゼ一本では、値段に少なくとも三、四倍のひらきがある。手頃なのだ。

ご存知のようにロゼは、赤ワインを作る赤ブドウを、皮と種ごと発酵させる。そのまま十日もおけば赤ワインができるのだが、ロゼは長くても二、三日漬けおくだけ。この過程で赤いブドウの皮から色がでる。それがワインに色を与える。薄いピンクか濃いピンクか、ロゼはロゼでも、その

ロゼ加減をきめるのは皮と種をひきあげるタイミング、その、一瞬にかかっている（決して赤ワインと白ワインをミックスするのではございません）。だからロゼは、ボルドーでもアンジュでも、たいていのワイン産地で生産が可能だ。これまでフランスで最高のロゼはタヴェルとされてきた。またプロヴァンスにはバンドルやオレンジピンクのカシスがある。

　なかでも、最近パリで披露されたコリウール産のロゼ。色は鮮紅色、いきいきしたサクランボのピンク。香りはあまりないが、ドライでボディーがある。きりっと男性的。アルコール度は12度強。とても水かわりには飲めない。ＡＯＣ付き、頑張っている真剣なロゼだ。地図をみるとコリウールはピレネー山脈が地中海におちる、スペイン国境のすぐ北側。ブドウ畑は地中海をのぞむ山と海のあいだの、岩の斜面にある。太陽はカンカン照り、雨は少なく、降ると激しい。ブドウは岩に深く根をおろして強烈な気候とたたかう。コリウールのワインはまた「海の息子」ともいわれた。昔からビサンチンや北アフリカ、またオランダやイギリスに運ばれた歴史がある。

——（92年11月）

赤い果実の香りがする、小さな村の、安くて美味しい赤ワイン

　キャフェの主人がすすめてくれたグラス一杯のワインが悪くない。色が濃い。深い。赤というより紫というより黒だ。口に含んでボリュームがある。ものが詰まっている。きめはやや粗い。絹やビロードではない。繊細よりは強さの赤ワインだ。飲み下すと、フランボワーズ、カシス、ミル

ティーユ、黒いサクランボ……夏の果実が熟した熱いきれいな香りと味がおいしくあとをひく。どこのどなたか、太陽に恵まれたワインにちがいない。ラベルをたよりにワインのアイデンティティーを探す。産地は「カオール（Cahors）」とある。フランス南西部にある小さな赤ワインの産地だ。ボルドーから遠くない。「一九八九年」産。フランス各地でブドウ畑は好天に恵まれ世紀のミレジムが噂された年だ。飲み頃が意外に早くきたようだ。この〝赤い果実〟は89年ミレジムの特徴だろうか。生産者は「ドメンヌ・ド・ラガリッグ」また「マダム・ラガリッグ・R」の名前もみえる。そのラガリッグさんが「ブドウ栽培」「ワイン醸造」そして「自分の家で瓶に詰めた」と記してある。ラベルの二階家はラガリッグさんの家だろうか。ラベルのオークル色は屋根の色か、石壁の色か、それともカオールの土の色？　「ロト県ラマグドレーヌ村」と「ラガリッグ」の姓をたよりに電話番号を探す。村には二軒のラガリッグ姓があると交換手。一軒目を試みる。「あっ、それ、うちのおばあちゃんです」若い娘の声。お礼をいって二軒目。おじいちゃん、ドメンヌさんがでてきた。「お宅の89年のカオールの、赤い果実の香りはどこからくるのですか」「89年は売り切れた。もうないよ」パリとカオールと、会話がなかなか噛み合わない。で、中略。赤い果実の出処はみつかった。――ブドウの品種ではない。お天気は手伝っている。「カオール」の土だ。ブドウの皮に「赤い果実」がある。醸造の過程でその果実を取りだす。土からの贈り物だ。値段は一本20フラン。肉と飲む。肉はレアだよ。通りがかりに試飲して買って下さる。人口七四十人。皆が赤ワインをつくる村……。一杯のワインから楽しいお話。ワイン不況がウソのようだ。

（93年11月）

試飲の季節、洗練された試飲会を企画する女性プロデューサーがいる

ブドウの収穫、仕込みもすんで、今年も試飲の季節がきた。試飲会は、ワインについての情報を得る貴重な機会だ。その年のワインの質や特徴、また新しい生産者との出会いも期待できる。パリにじっとしていても、年間40～50回の催しがある。最近は頻度もふえ、企画内容も充実してきた。そのプロデューサーの一人を紹介しよう。クリスティーヌ・オンタヴェロさん39歳。いつもステキな帽子がよく似合うおしゃれなひと。フランス南部「ロシヨン」地方のワイン組合で広報を担当。毎年二回、試飲会を構成してパリへ持ってくる。彼女が代表するワイン産地ロシヨンは、赤、白、ロゼの三種を作っている。ボルドー、ブルゴーニュのようなエレガントな大ワインはできないが、地中海とスペインに接し、強い日射と乾燥が特徴の、まるで〝地中海の中〟のブドウ畑から、フランス甘口ワインの90％を生産する。その代表は最近とみに有名なバニュルス、チョコレートとプラムの香りのする、土くささが魅力の赤の甘口だ。

さてクリスティーヌの試飲会。今回のテーマは「ミュスカ・ドゥ・リヴァサルテ」ロシヨン産甘口白ワイン。彼女は12軒の生産者を選び、24本の白ワイン（91年92年もの）を持ってきた。あわせてデザートを用意する。フランス中で、この甘口デザートワインをリストにのせているレストランのシェフ12人に、リヴァサルテに合わせるデザートト、しかも実際にメニューにあるお菓子を依頼した。個々のワインについては、生産者名、使われたブドウの品種と混合の割合、ブドウの樹齢、甘口なので、ワインにアルコール化されないで残っている含有糖分の量など、一本のワインの戸籍ともいうべきデータをそろえた。24本という規模も彼女らしい。参加者は、まずワインを味わい、データを読み、デザートを味わい、生産者の顔を

見ながら彼のワインについて語り合う。

よきプロデューサーの条件を彼女にきいてみると「会社の秘書をしていて、26歳ではじめてワイン界に入った私がワインを知っていった過程が、人にワインを伝えるのに役立っている。そして、いつも現地にいることです」と答えた。


（94年2月）

一八九三年産のシャトー・ディケム、百歳のワインのエレガンスを愉しむ

Chateau d'Yquem（シャトー・ディケム）、通称イケム。一八九三年産。百歳のワインである。この百歳のイケムをあけるには、レストラン「トゥール・ダルジャン」のテーブルに座り、二万三二七〇フラン支払う。この一本はトゥール・ダルジャンの酒蔵に在庫の最後の一本であり、過去十年間も、ずっと最後の一本であった。百歳イケムの栓をぬきグラスに注ぎ、そして味わう。イケム百年の時間には、どんな香りがするのだろうか。

シャトー・ディケムはボルドー・ソーテルヌ地区に産する世界一の甘口白ワインだ。完璧と賞賛される伝統的生産方法を固持して、現在年産八万本。条件が整わない年には作らない。平均十年に一度そんな年がくる。従って、二十世紀では１９１０年、15、30、51、52、64、72、74、92年産は存在しない。

イケムの生産に不可欠なのは、日照とガロンヌ河からのぼってくる湿気。この二者の精妙な組み合わせがブドウの実にボトゥリティスというカビを発生させ、このカビが、果実の糖分を凝縮、花と蜜の匂う黄金色の貴腐ワインを生む。ブドウは二種の品種を混ぜる。摘みとりは適性な実だけ

を一粒一粒選び九月から十二月まで、一本の木を十回にわたって摘む。そしてブドウの木一本からグラス一杯のイケムを得る。酒蔵の暗がりにみる一八九三年は、まず瓶に力がある。百年前の手作りはガラスが厚く、やや青みがかり、ところどころに小さな気泡。底には深いくぼみ。ワインは減って瓶の肩までしかない。口のキャプシュルにはシャトーの紋と王冠とＹＱＵＥＭ（イケム）の文字がはっきり。瓶の肩のところに飴状のものがこびりついている。流れでた糖分か。コルクにも、１８９３とＹＱＵＥＭの文字。ラベルはほとんど完全だ。上から王冠、ワイン名Chateau d'Yquem、その下にシャトーの所有者名Lur-Saluces（リュール・サリュス。現当主アレクサンドル伯爵は六代目）。灯かりをあてると、コニャック色のイケムが現われる。やや赤みをおびた透明。ワインは充分に元気と直感させる。澱らしきものはみえない。何もかも溶けこんでしまったのか。古いイケムを飲んだ人々にきく異口同音の答えは「枯れても最後までエレガンスを保っている」と。

――（94年3月）

ワインと旅行が手をつないだ、中世の面影を残すアルザスのワインルート

ワインはブドウ畑や秋の収穫、シャトーやその歴史など、絵やお話になる要素もたくさんもっている。ワインとトゥーリズムが手をつないで、四十年前、全国に先がけてアルザスにワインルートができた。中世からあった旧道を一本につないだもので南北に一七〇㎞。72のワイン村が点在し、今日ではホテルや民宿のベッド数二万、食事処三六一軒が用意されている。随所に標示があり

ミステリーに富む古城や遺跡、ワイン博物館、また車も自転車も通れないブドウ畑の小径などもワイン・トゥーリストの好奇心をそそる。ちなみに絵地図を手に取ってそんなアルザスを歩いてみよう。まず西側に連なる山並みはヴォージュ山塊。その麓の斜面、標高二百~六百mにブドウ畑がひろがる。この斜面の複雑な地形と地質が種類豊富なアルザスワインを生みだす。つづく平野では麦やトウモロコシやキャベツ、ヒマワリ、タバコが栽培されている。国道、県道や鉄道も走っている。

収穫期には平野の農家のおかみさんたちも年に一度のブドウ摘みを楽しみにアルバイトにくる。中央やや右手に赤い屋根と教会の町がみえる。古い石畳と中世のたたずまいを残すアルザスワインの中心地、コルマール(Colmar)だ。ワインの村には必ず尖った屋根の教会があり、小さな広場があり、噴水があり、パン屋があり、バルコニーに花を飾ったワイン農家では喜んで試飲をさせてくれる。村にはまだヴィンステュブと呼ぶビストロがある。アルザス名物のフォアグラやシュークルート(塩づけキャベツの料理)をつまみながら村のワインを飲む。収穫期には皮も種もついたままのブドウのデザートのタルト。冬には香辛料をきかせたホットワインがある。家ごとに調合が違うらしい。コルマールから東へ、絵地図では下へ30kmもおりるとライン河へ出る。ドイツ国境の河だ。アルザスワインはライン河のワインである。この絵地図の全図がほしい方は下記の住所にどうぞ。無料。もし手元に緑のアルザスワインの瓶があれば、地図と照合してみるといい。きっとラベルに村の名前がみつかるはずだ。

Maison des vins d'Alsace 12 Av de la foire aux vins, 68012 Colmar, France

――――――――――(94年9月)

レストランでソムリエに導かれて、ワインを愉しむ

レストランでワインを注文するとき、どうすればいいか。飲みたいワインがはっきりしている場合は別として、一番簡単で、たぶん一番満足のゆく結果が得られる方法は、ワインに幾ら払うのか、予算を明快にすることだ。

レストランでワインを売りサービスするのが商売であるソムリエは、いろいろな〝カード〟を揃えている。彼は、その店の格やシェフの作り出す料理を熟知している。仕入れのときは、そのワインが十年先二十年先にどう変化するかよりも、二週間後にテーブルで最高潮でありうるかどうかを第一に吟味する。確か87年産は小ミレジムではあるが、94年の今日、おいしければ、それは仕入れる。彼が作るワインリストだけにある特別のワインも探してくる。そして最高のカードを手に客を迎え、お客さんが喜んでくれ、満足して帰ってくれることを喜びとし誇りともするプロたちだ。

パリ三ツ星レストラン〝ランブロワジー〟のソムリエ、ルムラックさんは、ワイン選びはちょっとしたポーカー、と説明する。

「お客様との接触はアペリティフで始まります。うちでは特注のシャンパンです。普段飲んでいないもので〝日常〟から離れる。オペラの序曲ですね。ランブロワジーの舞台に入って頂く。メイトル・ドテルがメニューをお渡しし、メニューにのっていないものもご説明する。料理はその日その日のものです。買い付けやシェフの機嫌もお皿に入ります。メイトル・ドテルはシェフとお客さまをつなぎます。ソムリエの出番です。いま注文された料理を頭に入れて、テーブルに行きます。ワインリストは、料理のメニューと違って一冊をお一人に、招いた人にお渡しします。二十五ページもあります。少し時間をおいて戻ってきます。予算がどれくらいなのか、推しはかるのは難しい。

こちらは二百フラン、三百、五百、あとはリミットがありませんが、千フラン以上のものはお薦めしません。安すぎてはいけない。お客様は、どこに食事に来ているかを十分ご存知です。ご希望のワインは、とたずねます。テーブルの誰かお一人が、〝白〟と言ったら、ゲームは始まった！　またお客様は自分の知っているワインをおっしゃる。それでも予算がわかります。白か赤か、ブルゴーニュかボルドーか、また量も知りたいことの一つです。幾つかの質問を通して、テーブルのフィーリングをワインに実現するのがソムリエです。ワインを選ぶのはお客様。導かれたとは知らせずに導きます。お客様は王様なんです」

――（95年1月）

赤とロゼの中間の若くて軽いボルドーワイン

クレレ Clairet という耳慣れないピンク色のボルドーワイン。これから流行るのか、現在生産量はまだ少ない。フランスのワインは、例えば産地別に、ボルドー、ブルゴーニュ、アルザス、プロヴァンス、シャンパーニュ等々。味覚的特徴によると、ソーテルヌのような甘味のワインやシャンパンのような泡のあるワイン等々。ワインの色で種分けると、赤とロゼと白の三種類がある。ところがボルドーにはクレレと呼ばれる、この赤とロゼの中間のワインがずっと存在してきた。

ボルドーはイギリスの支配が12～15世紀まで続いた。ボルドーの赤ワインは、そのイギリス人の間でクラレ Claret と呼ばれた。現在の赤ワインのような濃く深い赤ではなかったらしい。まだティーもコーヒーもココアもなかった頃のイギリス人の飲みものとして彼らの趣好に合わせて作られ、大々的に輸出された。その「クラレ」と今日ある「クレレ」は関係があるのかどうか……。

まずクレレは白ワインとは関係がない。白ワインに赤を混ぜたり、赤ワインを白で割ったりして作るのではない。白と赤のブレンドは禁じられている（ロゼワインの場合も同様）。クレレは赤ワインである。

ボルドーの赤ワインは四品種のブドウから作るのが決まりだ。その四種は、しっかりと骨格を作るのに適したブドウ、丸みや柔らかさの出るブドウ、酸味を保つのが上手なブドウなど、持ち味の違いを混合調整しながら、その年々の天候を活かしたワインが作られる。クレレにも同じ四品種が使われる。赤ワインの色はブドウの皮からとり出す。きつく押しつぶせば色は濃い。味の強弱はタンニンの質や量がその決め手の一つとなる。タンニンは柿シブのようなものだ。ブドウの皮や茎に含まれている。ブドウ液を発酵させるとき、皮や茎と一緒に混ぜておいて、抽出する。若い赤ワインのタンニンはまだナマだ。ワインを寝かせ熟成するとワインに溶けこみコクや深みを与える。またワインの保存には不可欠のものだ。クレレにはこのタンニンが少ない。軽さを目指し保存は望まないからだ。では、なぜいまクレレ？　若く飲む軽い赤ワインなのか。まず早く商品化できる経済性。二に赤ワインの新傾向、より濃く、より密度高く、よりしっかりのせいで、かえってクレレのための場所ができた……。冷やして飲む。魚、トリ料理に合う。この夏、ちょっと試してみませんか、のワインである。

――（95年7月）

大ワイン年90年産シャトー・アンジュリュスの赤の色

ワインには、さまざまな色や香りや味がある。通常ワインは、まず目で色や透明度を、そして香りを、次に口に含んで味わっていく。

ここに一本のワインがある。「シャトー・アンジュリュス」。ボルドーはサンテミリヨン村の銘醸、一九九〇年産だ。グラスに注いで、その一杯の色をごらんいただこう。

ワインの色を語るについて、この「アンジュリュス」を選んだのには、三つのワケがある。一つは、若さを物語るこのワインのエネルギッシュな紫色。グラス越しに向こうが見えない濃度。次に「アンジュリュス」90年は、ベルギーのブリュッセルで催された（『ゴ・ミヨ』主催）サンテミリヨンワイン一九八八年、89、90年のコンクールで優勝トロフィーを獲得した。20点満点で20点をつけた審査員もいる。特に88年89年90年は、フランスワインがすばらしい天候を享受した大ワイン年だ。三つめはその作り手。シャトー三代目当主、39歳のブーアール・ドゥ・フォレ氏。ボルドー若手のホープ。彼が作りだす赤ワインは、ボルドーワインの90年代を示唆する新しい個性だ。

さてワインの色は、何を語るのだろうか。色は目がキャッチしたワインの第一情報。人でいえば初対面の第一印象だろう。ワイン経験が豊富なら目が読みとる情報はより明快的確になる。プロたちはグラスの一杯から生産地の色、生産年の色、ブドウ品種の色、生産者、醸造法、香り、味、タンニンの強弱、アルコール度、酸度、ワインの年齢や寿命まで探りだし、そして言葉に表現する。

『ワインの味』（E・ペイノ著）には、ワインの色を表現する言葉として、白ワインには38、ロゼは20、赤には、明るい赤から赤紫、ケシの赤、黒すぐりの赤、火の赤、レンガの赤、オレンジ赤、ルビー、ザクロ、紫、ブルー、黒、あせた赤、ワラ、ペルドリ＝鷓鴣《しゃこ》の目、オークル、コーヒーなど35種の赤の表現が提示されている。

もう一度、グラスのワインを見る。赤というよりは紫。紫というよりは黒。そして不透明。濁っているのではない。高密度で濃厚。熱い、焦げてさえいる。注ぎながら光をあてると、ルビー色が現れる。黒いワインが秘めるルビーが輝くのか。太陽と土に恵まれ、手をかけられ存分に熟したエリート・ブドウ、その実のもつ全生命を搾りとった豊穣に圧倒される。紫、黒、ルビーを見ながら、熟れているに違いない香りと、口に含んだ出合い、挑戦、興奮を期待する。色は香りや味を予告するものだ。一皿の料理と同じように。

——(95年9月)

太陽がワインの性格を形作る、ブドウにたくさん太陽がふり注いだ年は大ミレジム、ワインの当たり年

ミレジム millésime とはワインが生まれた年。秋に収穫したそのブドウからワインができたその収穫の年をいう。英語では vintage。日本語では一九九二年産とか一九九〇年ものとか。

ふつうワインはその年収穫したブドウだけを使うのが原則だ。シャンパンなど例外はあるが、どのワインもミレジムをもっている。それはラベルに明記されている。

「一九九一年はプティ(小さな)ミレジム」とか「一九九五年は90年以来のグラン(大きな)ミレジムになるだろう」といった具合に、ミレジムはワインの質を語る目安になる。そしてワインリストを読むときやワインを買うときの貴重な情報。

大ミレジム、当たり年。小ミレジム、まあま

あの年――。ワインは農産物だ。出来不出来は当然天候に左右される。ワインにとって好ましい天候は、たくさんの太陽と少量の雨だ。ミレジム、品種、土は、ワインを作る三要素だが、中でもミレジム→天候→太陽は、ワインの骨格、基本的な性格を形作る。太陽たくさんの年はアルコール度が高い芳醇複雑なワインができる。ワインにはその年のお日さまの機嫌が刻まれている。それがミレジムの意味。ミレジムはワインの寿命も決める。

　左の表はパリのトゥール・ダルジャンのワインリストからボルドー最高級の二シャトー、ラトゥールとムートン・ロトシルトの各ミレジムの値段と、ボルドー赤ワイン各ミレジムの評価（20点満点。P・リシン著『ワイン百科辞典』）をそえた。

ミレジム	ラトゥール	ムートン・ロトシルト	評価
1895		19,059フラン	
96		19,745	
99	20,610フラン		
1918	10,560	12,560	
28	12,950	14,950	19.5
34	7,975	8,275	17
37	7,750	8,150	15
45	14,535	21,745	
47	11,660	17,650	19
49	10,400		18
50	4,540		14
52	4,620	6,720	15
53	7,150	9,450	19
54	4,533		12
55	7,350	7,650	18
57	4,320	4,620	13
58	3,990		11
59	7,850	8,050	17
61	12,620	14,620	20
62	4,225	5,145	17
64	4,320	4,520	16
66	4,620	4,920	18
67	2,230	2,230	15
69		1,195	13
70	3,940	4,140	18
71	2,960	3,160	17
73	1,430	2,135	15.5
74	1,275	1,675	15
75	3,220	3,420	18.5
76	2,470	2,670	17.5
78	2,960	3,160	18.5
79	1,850	1,850	18
80	1,275		16
81	1,795	1,795	18
82	3,450	3,450	19
83	1,935	1,935	19
84		1,715	17.5
85	2,250	2,250	
87	1,365	1,225	

まずリストに欠けているミレジム。一九二七年2点。31年3。32年4。41年2。46年8。51年9。63年8、69年9。これら〝もうない〟ミレジムの共通点は、その評価が10点以下であることだ。さっさと飲まれたか仕入れをひかえたか。リストにあるのは、大ミレジムばかりだ。次に、二シャトーの値段には多少のひらきがあるが、ワインの値段とミレジムの評価は、ほぼ比例している。両シャトーとも大ミレジムの値段は高い。

小ミレジムのワインは、ただ良くないということか。こんな年には、作り手ははじめから芳醇や強さや長寿は求めない。熟成に時間のかからない、ほっそりと繊細なワインに作りあげる。値段も安い。

リストは87年で止まっている。それ以後のミレジムは商品として未完成、まだお売りできない、の意思表示だ。86、88、89、90年は熟成に時間を要する大ワイン年。昨年91年産がリストに出た。いま飲んで面白いのは49〜58年あたり、とトゥール・ダルジャンの人は言っていた。

――（96年3月）

パリの三つ星レストランのシェフソムリエが厳選した、食事を彩る、最高級シャンパン五本

幸運に恵まれて、おいしいシャンパンを飲むと、はて、今日まで自分が飲んでいたのは、ほんとにシャンパンだったの!?、とショックである。シャンパンは泡のある白ワインである。しかも緑のブドウ二種と赤いブドウ一種から作るデリケートな白ワイン。景気のいいあの泡に惑わされて、

偉大な白ワインを忘れている。Champagne の真価を知りたければ、これぞシャンパンというシャンパンを、適切な温度に冷やし（冷やしすぎないで）クリスタルのグラスで飲んでみることだ。その手がかりのひとつとして、五本のシャンパンを選んだ。

選者はピエール・ルムラック氏。パリの三ツ星レストラン「ランブロワジィ」のシェフソムリエ。ランブロワジィのような三ツ星レストランでは、あらゆるお客のあらゆる場合に対応しなければならない。ワインをよく知っている客、いわゆるコネサーを納得、満足させなければならない。シャンパンは、まず食事のはじめのワインである。ひとつの食事を美しく成功させるための出発点の飲み物だ。ピエールさん作成のワインリストにはそのための高級シャンパンがずらり。彼がその栓を一本一本抜いていく。シャンパン情報を得るには最適任者のひとりだろう。さて彼がいまおすすめの五本——。

1. Champagne brut premier de Roederer, cuvée sélectionée par le restaurent L'Ambroisie

ロデレ・ブリュット（辛口）ランブロワジィ特選。生産年なし。元気な泡、乾きをいやすワイン。

2. Champagne Cristal de Louis Roederer 1985

クリスタル・ドゥ・ロデレ。力のあるワイン。ほとんどの料理にあう。

3. Champagne Gosset Célébris 1988

ゴセ・セレブリス。きらきら輝く、物語る、奏でるワイン。

4. Champagne Grand Siècle de Laurent Perrier Cuvée Alexandra 1982（rosé）

グラン・シエークル・ドゥ・ローラン・ペリエ、キュヴェ・アレクサンドラ。真珠貝のピンク。繊細。数々のご馳走のあとに、デザートと。淡い甘み、フランボワーズの香り。幸福のマジックにかけてしまうワイン。

5. Champagne Dom Perignon de Moet & Chandon 1973 Dégorgé Le 28 Mars 1996

モエ・シャンドンのドン・ペリニヨン。23年間瓶詰めのまま熟成、飲み頃に至る。今年三月二十八日に仕上げのオリ除去をすませてカーヴを出た。若さと成熟、優しさと強さが調和して共存する魂のワイン。

73年はシャンパンの大ワイン年。泡はムース状。ピエールさんが好きなシャンパン。10°C〜12°Cで飲んで下さい。

——(96年8月)

詩人のように自己を表現するワインをつくる、異色のワインメーカー、ディディエ・ダクノー

試飲会の季節がきた。その日フランス各地から七十軒の生産者が集まった。アルザス、シャンパン、ブルゴーニュ、ボルドー、南のプロヴァンス、ピレネ、ロワールワインも出揃う。ムスカデ、スミレの香りの赤ワイン・シノン、そして白の甘口ヴーヴレ、カウンターで一杯のサンセール、白ワイン・プイイ・フュメ etc.。一軒のメーカーが四、五種類のワインを持ってくるので、テイスティングは三百種以上。その会場で私は一本のワインに出会った。

ラベルが変わっている。作り手、これまた、まるでロックシンガーだ。長髪のワインメーカーなんて……。しかし彼のワインは、ピュアで、おおらかで、力強い。なにかひと味ちがうキャラクターをもち、大勢のワインの中に、すっと立つ一本の詩人だった。

茶色のラベルの文字も、この長髪の詩人が描いたのだろうか。白ヌキで pur sang《ピュール・サン》（pur＝純粋な sang＝血）。このワインは土からとりだした純血という意味なのか。下に小さな文字で par Didier Dagueneau（ディディエ・ダグノー作）。

　裏側にラベルがもう一枚。やっと、いま飲んでいるワインの氏素性がわかる。一九九五年産。生産地＝ワイン名でプイイ・フュメ〈Pouilly Fumé〉。フランス産白ワイン。度数13°。容量七五十mℓ。亜硫酸塩含有。そして生産者からの口上がそえてある。「パリから南へ二百キロ、ロワール河岸に位置するこのブドウ畑は特有の気象状況と土質に恵まれ、天下の銘園に並ぶものである。品種はソーヴィニヨン。〝スモークした白〟の愛称をもつブドウはこの畑で最高に自己を表現する。そのワインは繊細で個性があり、長期保存熟成の力を備えている。フランス、サン・アンドラン村の生産者D・D」

　作者ダグノーは40歳。もとはオートバイのレーサーになりたくて、17歳で村を離れ、82年26歳で帰郷。ワイン作りの両親から独立し、まったく独りでワインを作りはじめた。有機栽培、化学肥料はいっさい排除、月暦や潮の干満を指針にする、バイオダイナミック。土の力を使え、ワインを自然に戻せ、が彼のワイン作りである。

　「ピュール・サン」は馬の品種名で、純血種の馬の性格が彼の求めるワインに符合する。茶色いラベルはその馬の皮膚を本人が撮影した。同様に「シレックス」〈silex〉は硅石の岩肌。二本ともブルゴーニュの銘醸バタール・モンラシェ級の値段で売買される。従来のロワールワインの、飲みやすい、保村に不向き、の中級イメージに挑戦する新しいロワールだ。

――（97年6月）

最高の環境でワインを学んだ、ソムリエの若き旗手、若く尖ったチャレンジ精神でワインの世界を冒険する

「ステラ・マリス」という店へ食事に行った。開店一カ月、星はないが感じがいい。若いソムリエが差し出すワインリストを開いて、ショックを受けた。リストにある50本余りのワイン、数本を除いて馴染みがない。戸惑った。別世界をさまよう感じ。これは、一体、どういうことか――。私が食事に行く店は、その料理を十分に知っている三ツ星やビストロ。いつのまにか冒険心を失い、慣れ親しんだ居心地のよさに、きっとひたっていたのだ。

マークという25歳のその店のソムリエが隣のテーブルで一本の白ワインをデカントしていた。彼のリストにデカントするほど立派な白ワインがあっただろうか。しかも、なぜか彼は客の目からラベルを隠そうとしている。シンプルなデカンターに納まったワインの美しい黄金色。そして、グラスへ。客が味見。悪くないという表情。「どこのワインだと思いますか」。じっと見守っていたソムリエが尋ねた。「ブルゴーニュ?」推理がはずれた。ソムリエが微笑み、ゲームはつづいた。

その店へまた来た。初日のショックの謎が解けてくる。彼が新しいのだ。彼は若く尖ったチャレンジ精神でワインの世界を嗅ぎまわり〝この値段で、この質、スゴい!〟という、人の知らないワインをハンティングする。

マークは大ワイン産地ブルゴーニュに生まれ育った。六歳になるとレストランを営む両親は週一回、彼を店のテーブルで食事させ、ブルゴーニュを飲ませた。14歳でワイン関係の仕事に就く決心。ホテル学校に進み地方コンクールにも出場。16歳、パリの「トゥール・ダルジャン」就職の道が開けた。「トゥール」のリストは九千種のワイ

ンを満載。その九割がボルドーとブルゴーニュ。この「トゥール」の五年で彼はボルドーを体得。その後三軒の星付きをまわり、新規開店の「ステラ・マリス」で初めて自分のワインリストを作った。彼は言う。「ボルドー、ブルゴーニュはまず避けた。素晴らしいが、値段が高すぎる。現在はラングドック・ルシヨン地方とプロヴァンスに集中。なぜラベルを見せないか。なぜデカントか。それはお客さんの、ちらっとラベルを見て〝あっ、プロヴァンス。夏のテラスで水代わりに飲むワインね〟という先入観を打破するため。まず立派な色を見てもらう。デカンターを温めてから、注ぐ。ワインは目を覚ます。酸素にふれて息を吹きかえす。よくできた若いワインは、このくらいのショックに平っちゃら」。〝このあいだのワイン〟を望む客が増えた。彼は現在ジュラのワインを準備中。コルシカを探索中。

——(98年3月)

「トゥール・ダルジャン」の重厚膨大なワインリスト、五章九千種のデータはソムリエの情熱の厚み

ひと口にcarte des vins《カルト・デ・ヴァン》といっても、ワインのリストに決まったルールがあるわけではない。その店の格や料理やワインに投資できる資金や、またリストを制作するソムリエのワイン思想、経験、情熱などが、その店固有のリストを作り上げる。

なかでもセーヌ河畔に創業して四百年、鴨料理が名物で、その地下一、二階千平方メートルのカーヴに50万本のワインを貯蔵する、「トゥール・ダルジャン」のワインリスト、ずっしりと重く、

厚く、中身も百科事典風のその外観を裏切らない。一本百二十フランから最高五万フランまで、一九九六年産の若いのから、一八六五年産超稀少の御長老ミレジムまで、一三十年間九千種のワインが掲載されている。

鴨を食べに出かける。さて今夜は何を飲むか。テーブルに書架が運ばれ、〃百科事典風〃が置かれる。座り直して、手摺れた皮表紙を開き、「トゥール」のワイン世界に分け入る。

リストは五章の構成だ。一章はブルゴーニュ・五千種の赤ワインから始まる。続いて白。二章はボルドー・赤・二千種と白。三章、シャンパン三百種。四章、様々な地方ワイン千種。最後にポルトがくる。ポルト以外はすべてフランスワインだ。扉のイラストも章ごとに色が変わり、同じ赤でも微妙に使い分けてある。さすがはパリの大料亭のワインメニューだ。どんなお客様が来ても対処できるだろう。しかし、ここから一本を選び出すのは大変だ。リストを堪能した後は、シェフソムリエに選んでもらう。ダビット・リッジウェイ、42歳。イギリス人。彼こそは、この重厚膨大なリストの制作者だ。彼が「トゥール」に入社した81年当時は、ワインがまだ千種だった。それから今日まで16年間、九千種への道は、とりもなおさず、25歳のイギリス人がブルゴーニュワイン五千本に傾倒してゆく道程でもあった。週一回の休日は一番列車で現地へ出かけ、生産者と畑の訪問。テイスティングに明け暮れた。「ですからこんなに太ったんです」と微笑みながらリストの一本を指し示した。「鴨の胸肉に甘酸っぱいサクランボを添えた季節の鴨料理と飲む赤ワイン」が私の注文だった。それにしても、彼はどうやって一本を探しだすのか。彼は説明した。「今日まで百万本を購入した。事前に選ばれた四本から一本を決めるのに、七、八回、店のカーヴと現地を往復して年間一万本を試飲する。試飲データはカーヴのコンピューターに入力しておく」。彼の身体にも素晴らしい記憶装置が備わっているのだろう。眼下に夜のセーヌを見ながら今夜の一本を待った。

（98年7月）

プロヴァンスのロゼは、夏の風物詩、その香りと色を楽しみながら、キラキラした陽光と季節を味わう

プロヴァンス・ワインの試飲会があった。初夏の乾いた風が快い午後。プロヴァンスをティスティングするには最高だ。ワインは約60種。コート・ドゥ・プロヴァンス（プロヴァンス地方の生産地の一つ）の19軒のメーカーの、白・ロゼ・赤、一九九五年・96・97年産だ。どれもきっちりと作られた好感の持てるワインばかりだ。各メーカーの特徴を味わいながら、期せずして、白、ロゼ、赤、三色を飲みくらべることになった。そして、ごく自然に、プロヴァンスは、やはりロゼだと思った。

何より色がいい。その明るいオレンジ色は、プロヴァンスのキラキラした陽光を秘めている。そして口に含んで香りも軽快。のど越し上々。軽く、優しく、若い女性の健康な肌を思わせる透明で、甘味な若さがある。昔からその土地で作られてきたもののみが持つ、おおらかさがチャーミングだ。

試飲会を出ると、日が傾き始めている。木陰を歩きながら、いま味わったロゼが、数々のプロヴァンスを思い出させた……。

空の青。オレンジレンガ色の屋根。松の緑。蝉の声。オリーヴ林。オリーヴの葉は裏側が銀色なので、日が暮れると林全体がふしぎな薄明りにつつまれる。マルセイユ。六月のニンニク市。一年分のニンニクを買い込んで帰ってゆく人々。小

さな入り江のレストランにブイヤベースを食べに通った。地元でとれる小魚をふんだんに使った魚のスープに病みつきになった。しこたまクルトンを浮かせたサフラン色のスープを大きなスプーンにすくって、存分にアイオリ（プロヴァンスのマヨネーズ。潰した山ほどのニンニクと、もちろんオリーブ油）をのせて口に運ぶ。ロゼのグラスがそこにはあった。香水で有名なグラースの朝市。そして山積みの熟れた甘い匂いのメロン。オレンジ色の果実にロゼワインが合った。巡礼が通ったという丘。野生のタイムが茂る丘だった。道標の石の十字架。ブドウ畑の農家の庭先で骨付き羊肉をご馳走になった。あっさりした塩味とタイムの芳香が絶妙。あの時も、冷えたロゼとオリーヴの実で食事は始まった。ロゼは、プロヴァンスの飲みものだ。プロヴァンスの風物詩なのだ。

　ロゼは白ワインと赤ワインを混ぜて作るのではない。作り方も白よりは赤に近い、赤ワインの妹格。ブドウを搾ったジュースが出発点であるのが白。ロゼは搾ったジュースに皮や実を数時間漬ける。色が採取される。さらに数日間続けて、色とタンニンを採取したのが赤だ。ロゼは地中海の古いワインだ。古代エジプト人も作っていたという。

————（98年8月）

ワインに木の香り、ワイン作りに欠かせない酸素を適量自然に送り込む木樽があらためて注目されている

ワイン作りにおける木樽があらためて注目されている。樽は肺の役目をするとか、木材の成分

がワインに味をつけるとか、また新樽を使って木の香りを強調するワインも増えた。アメリカ人やドイツ人がそれを飲むというが、ボルドー赤ワイン50種を試飲しても二、三種を除いて、すぐにハナがキャッチするほど木樽の香味がついていた。升酒の例もある。木の香りは確かにいいものだ。香りとして親しみやすく〝香水〟としてもワインと合ってチャーミングだ。しかし、10年、20年先に木の香りのワインはどうなるのか。素材の持ち味を生かすのが名料理人ではないか。そんな懸念をよそに、木片から木香を抽出して混ぜる、新樽二百%使用のワインまで登場している。

ワインはブドウの実からジュースを搾り、それを発酵させて、糖分がアルコールに変わり、ワインというアルコール飲料が誕生する。しかしアルコールに変わったブドウ液は、まだ生まれたばかりの赤ん坊みたいなもの。そこで熟成という、ワインを一人前に育て上げる過程がつづく。熟成には二つの場所、二つの容器が使われる。樽とビン、樽熟とビン熟である。ボルドーの大シャトーものの場合、ワインが樽の中に滞在するのは通常18カ月から二年。アルコール発酵させたブドウジュースを新樽と旧樽の両方で熟成させたのち、混合する。だから前述の新樽二百%は、新樽オンリーでスタートし、期間中にまたもう一度新樽に移しかえる。過激な試みだ。ワインがよほど強靭でないと樽の力に負けてしまう。

最高の樽材はフランス中央高地産の樫。樹齢百五十〜二百年。ゆっくり育った、木目の細かいもの。伐採してから三年がかりで樽が組みあがる。〝肺〟としての樽は、ワインの熟成と安定に欠かせない酸素を木の脈管を通じて規則正しく適量に送り込む。酸素がなければワインは死ぬので、窒息させない、呼吸させすぎない、そっとワインに語らせるのだという。味付けとしての樽。樽材は作る過程で加熱される。焼いて木材を曲げるのだが、そのとき香味が出る。バニラ、ジローフルの茎、クルミ。さらに加熱するとバニラが強くなり、次にはスモーク、ロースト、ミネラルの味。これらの樽香はワインのフルーティな性質と合う。いいワインにはいい樽が、いい樽にはいい木が要る。栗の木では苦味の成分が強いし、木目の粗い木材は抽出物の味もあらい。

樫の新樽は一コ三千フラン。ボルドー一級シャトーでは、三回まで使う。あとは十分の一の値段で下取りに出す。引く手あまただそうだ。

——————（98年11月）

ワイン業界にも増えている女性の進出、メークやファッションと同様に作り手の個性が活かされる「女性ワイン」

「女性ワイン」と言えるものがあるのか？

女性ワインメーカー45軒を集めた試飲会があった。昨年に続き二回目でなかなかのご盛況。女のデザイナーや女シェフを思いながら百種くらいを飲んだ。小さな発見があった。女性の場合、メークや服装は作り手、ひいてはワインを語る情報であること。そして女性たちの進出。ワイン業経験ゼロからシャトーを興し、多くの女性がワイン作りに夢をかけはじめたのだ。またシャンゼリゼの二ツ星レストランでも「女性ワイン」の面白い経験をした。その店には本で見た、フォアグラに黒豆をとり合わせる、ぜひ食べたい料理があった。メキシコ娘を奥さんにして帰ってきたというシェフのメキシコの匂いのする土臭いフォアグラ料理だった。ワインもフランス東南部産の強い赤、マデランがすすめてあった。テーブルにつくと、前菜は軽く、ワインは「〝フォアグラと黒豆〟のための一本を」と頼んだ。うなずくソムリエの微笑に、お任せくださいの自信がうかがえた。程なく、まだリストには載せていないがと、ボルドー型の一本のビンが示された。ピンクのラベルの赤ワイン！ 桃の節句を思わせる甘いフェミニンなローズ色ではないか！「ええ、珍しいラベルです。女性が作ったワインです。ジビエにもイケるしっかりできた赤です」。ワインが注がれる。華やかな赤みが光る。灼けた日射に〝料理〟された赤い果実の陽気な匂い、味。快適に粗く土臭いワインだ。目の前の皿の中央には軽くソテした小判形のフォアグラの立派な一切れがのり、下の黒豆はスープ仕立てで、ムース状の泡の間からテラッと黒光りした豆がのぞいている。さすがはプロだ。ソムリエはピンクラベルで謎をかけておき、料理とワインの土臭いマッチングへと引きこんでいく。来た甲斐があった。私は黒豆とワインに導かれて、また新しいフォアグラの味を知った。

ピンクのラベルの作り手に電話をかけてみた。警戒心のない声にホッとする。彼女は52歳。30年前にヨットマンの夫とバカンスを過ごしたその土地が気に入って、10年前そこでワインを作り始め、「ローズ（ピンク）の石」醸造を興した。ラベルもすべて初めてだ。手探りの連続だった。ラベルも自分でデザインした。あの花は野生のローズ色。すばらしい自然を壊さないようブドウは自然農法で栽培している。「どうぞお出かけください」と一六六センチ・59キロのゆったりした声だった。「女性ワイン」にこだわるつもりはないが、もしそう言えるものがあるのなら、きっといつか、ワインが教えてくれるだろう。

――（99年3月）

作り手の情熱と野心が起こした小さな革命、力強く上質な地中海の赤へと変貌する、ラングドック＝ルシヨン

フランスワインといわれて、すぐに浮かぶのは、西のボルドー、中央東よりのブルゴーニュ、北のシャンパーニュ、北東のアルザス、また大西洋に注ぐロワール川のワイン、地中海に落ちるローヌ川のワイン、南のプロヴァンスのワインの名も加わる。だがフランス最南部「ラングドック＝ルシヨン」地方のワインは、フランス一の生産量にもかかわらず、少数の甘口ワインの例外を除くと、最近までほとんど無名の存在だった。ところがここ四、五年のあいだに活発な動きが見られるようになった。昨年末には37軒のメーカーがグループになってパリで試飲会を催した。その案内状には「われわれはパリに上っていきます」とあった。おくればせながら〝上京〟して首都のプロたちに作品発表しようとする人々の心意気が感じられた。確かにこのところの赤ワインブームで、ボルドーやブルゴーニュの値段がべらぼうに上がっていることもあるが、なによりも「ラングドック＝ルシヨン」ワインの質が向上、値段はまだまだ安いという好条件に、新しい需要と供給が手をつなぎ始めたのだ。

「ラングドック＝ルシヨン」は、二つの地方、ラングドックとその妹格のルシヨンが一緒になって一つのワイン産地を作っている。ブドウの栽培面積フランス一。ワインの生産量フランス一。気温もコルシカ島に次いでフランス一高い。灼ける太陽と乾燥した南からの空気を、海からの湿気がやわらげている。すばらしい可能性をもつワイン産地だ。しかし作り出されたワインは、ワインランクでいえば一番底辺にある、地酒(vins de pays《ヴァン・ドゥ・ペイイ》)とテーブルワイン(vins de table《ヴァン・ドゥ・ターブル》)が大部分で、ＡＯＣワインは10パーセントそこそこだった。80

年代に入って変化が起こった。遅まきの小さな革命、無名から抜け出すチャンスがきた。世代交代の若い作り手と、脱サラ転じてワイン作りにはまった人たちの野心と情熱がその推進力だった。安ワイン・大量から、良質・少量へ、することは限りなくあった。アルコール度は高いが、香りやコク、丸みに欠けた粗いワインからどうすれば脱出できるか。昔からの土地の品種の見直し、香りの品種の導入、最後の瓶詰めまでを自分の手でやるなど。そして試行錯誤はまだまだ続くが、今日の「ラングドック＝ルシヨン」は色が濃く、しっかりしたタンニンと香りや丸みを併せもった、力強い地中海の赤になった。ラベル指向にあき、自分で探して飲んでみようという若い人に、「ラングドック＝ルシヨン」は一九九九年のおすすめワインである。ビンの形はボルドーと同じ。

——（99年4月）

十年の歳月を経て、ワイン作りにかけた情熱が実を結ぶ、異端から正統へ、成長を遂げたアルザスのＪＭ・ダイス

フランス北東部、ライン川を挟んだドイツの隣に、南北百七〇キロの帯状に伸びる産地、アルザスがある。年産一億五千万本。主流は白。赤は10％弱。フランスＡＯＣ白ワインの五分の一を生産。その三分の一は国内で消費。首の長いビンの形やワインを地名ではなくブドウの品種名で呼ぶのも特徴（これは変わりつつあるが……）。男性的で真っすぐで寡黙なRiesling《リーズリング》。いぶし銀のようなTokay《トケ》-Pinot《ピノ》 gris《グリ》。肉付きよく官能的なGewürztraminer《グヴュルツトラミネール》。Muscat《ミュ・スカ》はブドウの実を食べて

いるようなフレッシュで愛らしい香り。アルザス六種の白ワインのうち、香りと味に個性のある代表的なこれら四種から試すのがいいだろう。

私がアルザスに入門したのは、アルザスワインの生産者、JM・ダイスとの出会いから。一九八六年秋、当時32歳の彼とはじめて会い、地元のレストランで一緒に夕食をした後も、暗い古い石畳を歩きながら、彼はアルザスワインを語りつづけた。情熱がほとばしり溢れ出る、私はそんな彼に一人の若い有望なワイン作家をみた。当時の私はアルザスワインを知らなかったので、彼のワイン作りの考えが、アルザスでは特異、異端ということに気がつかなかった。その後も何度か彼のところへ通い、ワインを作る若い夫婦と二人の息子たちと、ブドウ畑を散歩した。実を摘んでは口に運ぶ。「これは今日収穫していい」、「これはあと二日」。畑から帰るとキッチンいっぱいに、妻のクラリスが焼いた、焼き上がったばかりのリンゴタルトの温かい匂いが待っていた。

試飲会のため彼ら夫婦は時々パリへ来た。その試飲会にもやがて妻のクラリスだけ、彼は姿を見せなくなり、私は電話越しに、ワイン作りに没頭していくゴーイング・マイウェイの彼を感じた……。歳月は流れ、いつしか彼は私を〝パリのおっ母さん〟と呼ぶ。98年秋、十年ぶりに私はアルザスへ行った。十年という時間。目の前に45歳の逞しい男。息子たちは思春期にさしかかり、ワイン家族は力強く成長していた。なにより、ジャンミッシェルはアルザスの異端から正統へと変わっていた。それを端的に物語るのは、「フランスのベストワイン生産者千七軒とその一五、三〇一本の評価」をまとめた、緑のワインガイドだ。99年版で彼はアルザスに三軒の〝三ツ星〟ワイン生産者、しかもその筆頭に「21世紀のワイン作り」と評された。おっ母さんは嬉しいですよ。その日私は、なつかしいダイス家のテーブルに座り、クラリスが用意した七本の、畑と生産年の違うリーズリングをひとり静かにテイスティングした。そして〝これが今日の私の一本〟と、ジャンミッシェル丹精の「Riesling GC《グランクリュ》 Schoenenbourg《ショーネンブルグ》 1988」を抱いてパリへ帰った。

――（99年6月）

エキゾチックなタイ料理とフランスワインのマッチング、互いの個性が引き立てあって、ワイン世界は広がる

飲んで食べる。味わいながら、またワイン。

その日のテーマは「一品種のブドウで作ったワインと複数多様の香りのタイ料理の結婚《マリアージュ》」。選ばれたワインが赤白11本、料理はデザートを含めて11品。一本に一品の、11カップルである。主催は共産党の機関紙「ユマニテ」。ワインはフランスの重要な農産物なのだ。参加したワイン生産者、「ユマニテ」の読者、ワイン関係の記者など約60人。パリ11区にあるタイ料理店「ブルー・エレファント」の若いタイ人シェフが料理した。この企画には仕掛け人がもう一人。タイ料理店のマネージャーで、ヨーロッパ在住30年の博学・経験豊富なブラジル人。「ワインが先か、料理が先か」の質問に、彼は「まずワインを選びました。単一品種のワインには香りや味、特徴がはっきり出ているから、その特徴に対して料理を決めました」と。さて料理とワイン、この国際結婚の相性やいかに？

カップル一。エビとトリとポメロのサラダ。ポメロとは、やさしく丸い酸味のグレープフルーツに似た柑橘類。三つの素材に香草のミントとコリアンダーが効き、炒った乾燥ココナツが香ばしい。ワインはロワールの、黄金色の柑橘系の香りをもつ太めの白。料理とワインを別々に味わうよ

りずっとおいしい。品種はChenin《シュナン》。

カップル二。ショウガと赤唐辛子が効いた、トリのだしとココナツミルクのリッチなポタージュ。ワインは枯れかけのバラの香りとスパイシーな風味が個性のアルザスの白、Gewürztraminer《グヴェルツトラミネール》。フランス人にも教えてあげたいエキゾチックで絶妙な組合わせ。品種はGewürztraminer。

カップル三。よく太ったムール貝に、バジリコとセロリ、唐辛子がピリピリ。肉付きのいい貝のワタを、ミネルヴァ産・地中海の赤ワインが美しくエスコートする。驚きの相性ではないか！品種はSyrah《シラ》。

カップル四。ココナツミルクで煮込んだ子ヒツジのシチュウ。脂肪と甘みのコッテリ味には、コリアンダー、ニッケ、カルダモン、唐辛子が必要。そこへ甘口の赤ムーリーをもってきた。口中はいよいよこってり。品種はGrenache《グルナシュ》。

カップル五。デザートはバナナの葉包みの蒸し菓子。茶色い飴は乾燥ココナツ。お相手はロワールの有名な甘口が選ばれていた。品種はChenin《シュナン》。

同席のフランス人男性たちは、ついにお手上げ。甘すぎるのか、エキゾチックすぎるのか。お代わりを所望した私は、タイ料理とフランスワインの結婚に、OUI《ウイ》、賛成です。おかげで、フランスワインがまたこれまで知らない、新しい顔を見せてくれた。相手が変わったからだろうか。まだまだワインには発見がありそうだ。

――（99年7月）

ジュラの山岳地で作られる黄金のワイン、一度飲むと記憶に刻み込まれてしまうほどに個性的な味がする

ジュラの黄ワイン（le vin jaune）とは、フランス東部、ブルゴーニュとスイス国境の間に位置するジュラ地方の山岳地で生産される、シェリーに似た白ワインである。生産量が少ないせいか、フランスでもあまり知られていない。好き嫌いは別として、一度飲むと忘れられない、個性のある味わいだ。

この黄ワイン、まずビンの形がユニーク。容量も通常のフランスワインの75dℓに対して62dℓ詰め。神父さまが〝発明〟したというので、彼の名をとってle clavelin《ル・クラヴラン》の愛称がこのビンにはついている。味の特徴はクルミとキノコ。アーモンドやリンゴ、カレーを付け加える人もいる。秋のセップと並んでフランス人が愛するキノコの双璧、モリーユ（網笠茸）とは相性がいい。トリの黄ワイン煮のモリーユ添えやモリーユのパイなど素朴な山の味わいだ。また、同じジュラ産のチーズ、〝コンテ〟のクルミの香りが、黄ワインのクルミを呼ぶ。グラス一杯の黄ワインとクルミの実と一切れのコンテに、ごっつい田舎パンが加われば抜群の山岳仲間、最高のご馳走。

これら黄ワインの特徴はどこからくるか。答えは、ブドウの品種と伝統的製法。まず、単一品種のワインであること。世界中でこのジュラの土地にしか栽培されないサヴァニャン・ブドウだけを使う。思い切りよくこの一品種に絞り込むまでには長年の試行錯誤があっただろう。かつて、ジュラ地方にも40種のブドウがあったというが、19世紀フランス全土をブドウの病気、フィクロセラが襲い、各地のブドウ畑がほぼ全滅したが、ジュラのサヴァニャン・ブドウは、それを生き延びた。次に製法。収穫がおそく、アルコール度は高い。

ブドウが十分に熟さない年は作らない。ブドウジュースの発酵過程は通常の白ワインと同じだが、問題はそのあと。樫樽に詰めて、最低六年三カ月寝かせる。木樽のワインは少しずつ蒸発するが補充しない。ワインの表面にカビの膜ができる。このカビ、すなわち微生物は初めからブドウの実についていた自然からの贈り物。表面を覆った膜はワインを過度の酸化から防ぎ、フタの役目をする。樫樽のワインは、ゆっくりと熟して味を深め、黄金色へ、クルミとキノコへ。ビン詰め後も百年は悠々と保つ。今春の競売で、一七七四年ものが三万フランで落札された。

世界ではワイン高騰の折から、ジュラの黄ワインは五年間も値上がりしていない。この愛すべきおっとりワインを試すなら、24時間前に栓を開け、15度から17度の春先の気温ぐらいで、冷やさずどうぞ。

——(99年8月)

百年という「時」の重みを重ねたワインと料理、二千年の夜明けを迎える特別の宴

ここに二本の百年もののワインがある。ボルドーきっての赤の銘醸シャトー・ラトゥール一八九九年と一九〇〇年産。ラベルはないが、こうして二本を目にすると、よくぞ飲まれも割れもせずにと眺めてしまう。さしあたりの関心は、幸運にも今日まで売れ残った二本が、間近に迫った二千年の夜明け、一九九九年、今年の大晦日の晩餐に召されてしまうのではないかということ。

現在二本は、鴨にナンバーをふって食べさせるので有名な「トゥール・ダルジャン」の地下酒

蔵に眠っている。厚い石壁に守られ50万本九千種を在庫。そこで古さを競うなら、百年といえども、一七八八年産のコニャックにはかなわない。また値段では四三、〇〇〇フランの百年ワインは、現役バリバリの一九四七年産ペトリュス六五、〇〇〇フランに水をあけられる。ビンの中身はどうか、推測するための一本がある。数カ月前にイギリス人夫婦が開けた一八六五年産のセラン。ボルドー、赤。ラトゥールより古いがワインで格はずっと下。その時のキャヴィストは語る。「レンガ色がかかっていたが赤みは残り、フルーツの香りがする、味はしっかりしていた。ラベルは手描きで、ビンは手作り、口はギザギザ、首も曲がっている。コルクはオリジナルのままで、ボロボロで黒ずんで湿っていた。しかし抜いたときはプシュッと音がした。なにしろ、昔のワインには底力がある。八千フランが高いか安いか。一三四年の時間を飲むのですから」

さて晩餐のテーブル。一八九九年と一九九〇年。どちらを先に開けるべきか。料理は「子鴨のトゥール・ダルジャン風」。鴨の血をソースに使った、「トゥール」で百年以上も続くメニュー。今日なお絶品。愉快なエピソードがある。一八九〇年ごろ当時の給仕長フレデリックは客に出す鴨にナンバーをふることを考えついた。その名アイデアは「トゥール」の名を世界に広めた。一九七一年十月三日、訪仏中にこの鴨を召し上がった日本国天皇は「この前食べた鴨は何羽目であったか」とおたずね。亭主はすかさず「一九二一年六月二一日に五三、二一一羽目をさし上げました」と答えた。通称「血の鴨」のこの料理、外はこんがり、中はレア状に丸焼きにした子鴨の胸肉と足を取り除き、残りのガラを圧搾機にかけて搾る。一滴の血も失わないように絞めた鴨だ。ソースはその血とワタとコンソメとコニャックでできた、とろみのあるチョコレート色。胸肉の薄切りに添えて供する。フランス料理の古典である。ワインの百年に料理の百年を重ねる。二百年の重み、フランス文化の味や、いかがなものであろうか。

（99年11月）

冬のパリ、街頭で見かけるスタンドの生がき、種類も豊富なフランス産カキを、ロワールの白ワインで楽しむ

カキを「海のミルク」「海のトリュフ」とも言うフランス。街角のスタンドに生ガキを積み上げた風景は冬のパリの風物詩。オペラ座のそばのブラスリーでは、フランス産カキ四種とロワール川の白ワイン六種を用意したテギスタシヨンが行われた。

ワインが陸の畑で生産されるように、カキは〝海の畑〟で育つ。世界のカキ畑は、北緯66度から南緯44度の幅広いベルト上にある。土がワインを作れば、水はカキを作る。その水とは海水と川の淡水。山や平野を流れてきた川は、途中でいろいろな養分を拾い集めて海へ運ぶ。その養分をプランクトンが食べ、そのプランクトンをカキが餌として食べる。カキ畑の水質は、カキの色、ヨード分、脂肪、肉質、香りなど畑ごとのカキの特徴を作り出す。〝平たいブロン〟はブルターニュのブロン川の河口で栽培。形は丸く、味は繊細複雑、上品だ。同じブルターニュ産の〝デコボコのブルターニュ〟は、塩分とヨードが強く、その見かけを裏切らないしっかりとした味。〝スペシャル・ジラルド〟もブルターニュ産だ。カキに自分の名前をつけるほどだから生産者の自信の程がうかがえる。食べごたえがあり、四種の中でいちばん肉っぽく、口の中をカキでいっぱいにする。〝フィンヌ・ド・クレール・ド・マレンヌ〟は少し南へ下ったボルドーに近いマレンヌ地方産。軽く食べ

やすく、スッスッと通ってゆくのど越しのよさ。値段も安い庶民的カキ。

その四種のカキに合わせる白ワイン六本。ロワール川はフランス一の長流。中央高地から流れ出て、名城が点在しフランスの庭として愛される緑の平野を通って、大西洋に注ぐ。数々の支流を集めて流域は広く、地質も違うから、多様なワインが生まれる。ひとことで決められないのがロワール・ワインの特徴だろうか。しかしその共通点は北のワインであること。早くに収穫した果実の若さを生かし、酸味をベースに作るため、色も黄金ではなく薄い緑である。この酸味がカキに合う。六本中、カキと相性が悪いワインはなかった。四種のカキに合わせて一本を選ぶなら、私はロワール河口産の〝オリの上に寝かせた、セーブル川とメイン川のミュスカデ〟を。ジラルド製のオデブのカキには〝サンセール・ル・シャティエ〟か〝ル・コトー・ドュ・ジエノワ〟。太めで複雑な味が楽しめた。そして、そのカキとワインにぴったりなのが、一緒に出されたパンとフレッシュな生バター。フランスの香りを添えるエレガントなワキ役を果していた。

――(00年3月)

人間が初めて作ったワインはどんな味だったろう、「初収穫」と名づけた、自然そのままの赤ワイン

一本のワインとの出会いは人との出会いに似ている。パリ農業博で、あるロワールの赤ワインを飲んだ。そのワインのことは、一年後に再び試飲するまですっかり忘れていたが、飲みながら、

「このワイン、知っている」と思った。「いつ？どこで……」、と記憶をたどる。年間五百本以上を試飲する、その中から一年前のロワールの赤が浮かび上がった。その健康とおおらかさ。ワインにも個々の姿があるのだ。そして生産者アンリ・マリオネさん（58歳）と、彼のPremière Vendangeにあらためて再会の機会を得た。

「これは私の夢のワインです。〝初収穫〟と命名しました。いつか人間が初めてワインを作った、そのワインのように自然なワインを作ってみたかった。しかし失敗すれば一年の収穫はすべてフイになる。二十年待って、やっと十年前一九九〇年に実現しました。ブドウの果汁は放置すれば発酵して酢になる。自然の帰結です。酢になるはずのものに〝介入〟して私たちはワインを作った。ワインを創り出したのは人間です。介入というとマイナスイメージですが、知恵を働かせたのです。おそらくルイ14世が宮殿で飲んでいたワインは、秋から冬はまだしも、気温の上がる春先には酢になっていたのでは……。17世紀にはワイン作りに硫酸（SO_2）が添加されるようになった。SO_2には二つ役目がある。バクテリアを殺し、ワインの大敵、酸化を防ぐ。空気中には無数の菌がいて、いい菌も悪い菌もブドウの実についたまま醸造される。実を腐らせる腐敗菌も、もちろん一緒です。SO_2は腐敗菌を殺しますが、同時に貴重な他の菌なども殺してしまう。ブドウは、五百～六百の要素でできているのです。酸化とは、リンゴをむいて五分もおくと表面が茶色に変色する、あれです。私のワイン作りは、第一に健康なブドウを育てること。実を丁寧に摘む。小さなカゴに摘みとり、木樽ではなくイノックス製の醸造樽に直行させる。酸化の原因を防ぎSO_2はいっさい使いません。酵母を添加したり、漉したり卵の白身でオリを除いたり、人工的な介入はいっさいしない。リスクは毎年あります。今年で10回目ですが、二度も失敗しました。子供と同じですよ。健康な子供にいい環境を与えてやる。奇跡のようなことです」

Première Vendange 1999。品種はギャメ。生産本数二六、〇〇〇本。ワインは赤いフルーツの香りに満ち、さらっとして苦しんだあとがない。冷やして（適温13度）、若く（一年～一年八カ月）、

私はマグロの赤身の刺身と合わせ〝自然〟をおいしくいただいた。

――――（00年6月）

スペイン産の食品で、男性的な味覚を愉しむ、コクのある黒ブタの生ハムと、生産方法もユニークな辛口のフィノ

地図で見るフランスとスペインの国境には小さなシワがたくさんある。そのシワの正体は大西洋から地中海へ走る東西四百キロ、幅百キロのピレネー山脈だ。中央部には雪をかぶった三、〇〇〇メートル級の高峰。17世紀の征服者フランス国王ルイ14世は「もはやピレネーは存在しない」と豪語したが、〝ホント？　どうなんでしょう？〟というのがスペイン食品展を楽しんだ私の独り言であった。

いろいろな味の発見があったからだ。食品展での掘り出しものは、上質のオリーブ油に漬けたカツオの缶詰め。一見キャビアと見まごう黒い粒状の、レモンの酸味のきいたニシンの子の〝キャビア〟、ジビエ専門店のイノシシや鹿肉のハーブ漬け、イベリア半島土着の草とドングリで飼育する黒ブタ〝イベリコ〟の生ハム。そのどれもが、すぐさまワインが欲しくなる味の持ち主で、もちろん、そこにはワインが用意されていた。フィノというアンダルシア地方の白ワイン。明るいワラ色、軽くてドライで甘味皆無。かすかな苦味とア

ーモンドの味がする。塩味もほどよい黒ブタの生ハムのスライスとはすばらしいマッチングだった。

フィノはスペイン語でヘレス、英語でシェリィ、フランス語ではゼレスと総称されるワインの一種。四、五種類あるゼレスの中の辛口ナンバーワン。粒の大きなパロミノ品種の青いブドウから作られ、太陽一杯の乾燥した土地柄らしくアルコール度は高い（一五・五度）。調合混合して作るので生産年（millesime）と畑名（cru）がないのはシャンパン同様ブレンドワインの特徴。各メーカーは毎年同じ味と香りのフィノを供給しているわけだ。

このフィノの生産工程がまたおもしろい。熟成中の樽にワインを満杯に詰めず、空気の入る余地を残し、ワインの表面に自然にカビを発生させる。カビは空気と接触し繁殖、そのカビの力を利用してワイン中の糖分をゼロにし、フィノの風味を作り出すのだ。また、「長老ワインは若輩ワインを教育する」という考えから、ソレルという特有の醸造方法がとられている。一番古いワインを樽全量の40％分だけビン詰めに使う。残った60％により若い（三番目に古い）ワインを注ぎ足す。三番目の樽に二番目に古いワインを、二番目の樽には一番若い新生の今年のワインを注ぐ。常にこれを繰り返す。「この一本のフィノには百年も前のフィノが一滴や二滴は入っているでしょう」と生産者。

黒ブタハムのコク、フィノの超辛口、それに闘牛だって。ピレネー山塊の向こうには、まだまだ男性的な味覚が隠されているようだ。

（00年9月）

波の揺れ、水圧、水温などの影響を受けながら、海底というカーヴに眠ったワイン、同じワインの陸熟成と海熟成を比較する

「アムステルダム沖に百年くらい前に沈んだ船から発見されたワインを飲んだという友人の話を聞いたのは一九八四年。海に沈んだワインは上等だという噂は前から聞いていたが、飲み比べるべき出発点の同じワインがなければ、確かなことはわからない」。これが、ロワールのワイン生産者J・L・サジェ氏が「海のワイン」に挑戦するきっかけだった。

彼は、90年五月、大西洋の海底10メートルに八百本の89年産ロワールワインを蝋引き封印して沈め、四年後の六月に引き上げた。史上初めて、海と陸二つのカーヴで、同じ生産年の同じワインが同期間熟成されたのだ。飲み比べると、海底のワインは薄緑で、四年の熟成にもかかわらず若さを保ち、ナトリウムなどの混入はなかった。果実の香りは濃縮され、丸みとボリュームがあり、口に長く残り、ミネラルの味があった。海と陸の熟成の差は、水圧、温度、光、音などの外的要素、物理的要因と推測された。

翌年六月には、ロワール産94年の白、プイイ・フュメを一万本、40本ずつ針金で結び合わせて箱に詰め、海底20メートルの、岩礁に保護された場所に沈めた。回収までの間、予期せぬ出来事も次々と起こった。

97年夏、沈めた時と同じ貯蔵ポイントにあり、ビンに貝が付着し始めていることを確認。試飲すると、前回と似たような結果が得られた。しかし、同年秋には台風の被害で、ビンが流出。初期の一万本が三、〇〇〇本に。その後漁船の引き綱がその地域を掻きまわし、また漂流。翌年、潮の干潮で運ばれたビンが、近辺の小さな川のあちこちで発見された。

そして海底熟成開始から四年後の99年六月、海のカーヴに四年間眠ったワインが回収された。しっかり貝がこびり付いているものも多数ある。やはり海と陸では同じ変化をしなかった。陸のワインは、ソーヴィニヨン品種のクラシックな熟成。ドライで繊細、スモモとグレープフルーツの皮の香りが特徴。海のワインは、焦げ臭さのあるミネラルの味がはっきり出て男性的。海はワインに潜在する可能性を引き出したのだ。海のワインの力強さとミネラル性は、初回の試飲とも符合した。

今年十一月、海と陸一本ずつを木箱に詰めて百箱売り出す。一箱千フラン。その収益は石油タンカー・エリカ号の沈没事故で黒い波をかぶった野鳥の救済にあたった野鳥保護リーグに寄付される。「次の計画はありません。海底に残る五、六〇本が気がかり。孫の代で発見されますかね」と、サジェ氏49歳のアバンチュールはまだ続く。

――（00年12月）

小さなワイン産地マディランの赤ワイン、忘れていたおいしさを、作り手の二十年の思いと共に再確認する

パリから南西に八〇〇キロ。ピレネー山脈の山すそに、かつては名声を馳せた、小さなワイン産地マディランがある。そのマディランワインをもてなす、一風変わった試飲会があった。それは「私のラッキーナンバーは2」という、シャトー・モンティスのオーナー、アラン・ブリュモン氏が〝父親の後を継いでワイン作り20年〟を祝う夕べでもあった。彼は過去20年の作品を、三つのグループに分け披露した。〝駆け出しのころ、私のプティ・ヴァン〟〝美しい年、私のボン・ヴァン〟

〝最高に成功した年、グラン・クリュ〟。そして二千年と重なった20周年を記念して、樽熟成五年の〝二、〇〇〇日のマディラン〟二、〇〇〇本も瓶詰めした。ラベルは同郷のアーティストに依頼、同郷のデザイナー、カステルバジャック特製のスカーフまで添えて木箱に納めた。会場では地元ガスコーニュの訛りが聞かれ、イギリス人のクイーンズ・イングリッシュも目立った。著名なフランスのワイン評論家、世界ソムリエコンクール優勝の三人のソムリエ（日本から田崎真也氏）も招かれていた。

私は、ある彫刻家の20年の回顧展でも見るように、一人のワイン作家の20年の作品を味わった。それは、マディラン20年の成功物語だった。マディランとは、こんなにおいしいワインだったのか。ボルドーともブルゴーニュともはっきり違う。ピレネーの赤ワイン、タンニンの効いた、ジビエと合わせて飲む、強い赤の姿が明快に刻み出されている。目にも濃く深く、密度のみえる、カシスやミュール（桑の葉）の凝縮された香りと味を楽しんだ。しかし、その渋みや苦味がワインに味をつけるという、タンニンとの格闘20年もみえた。

マディランワインはタナットというブドウを使って作られる。だが、タナットだけでは強すぎるので、通常は他の品種を混ぜてバランスを取る。だがブルモン氏は珍しくタナット品種百パーセントのマディラン作りに挑戦した。野性的で木樽を好むタナットを、じゃじゃ馬でも馴らすかのように調教し、愛したのだ。「目が覚めると、今日はマディランに何ができるかと考え」、朝から晩までマディランと共に過ごす。研究のため世界をあちこち旅行もした。一九八二年九フランだったマディランは、85年に50フランに。マディランの危険人物は今マディランを率いるリーダーである。若い世代が55歳の彼に続く。「この二、〇〇〇日のマディラン、飲み頃は？」とたずねると、ガスコーニュ訛りは微笑み、「20年」と答えた。あと20年、生きていなければならない理由が、また一つ増えた。

——（01年3月）

ワイン界でも急進する、グローバリゼーション、ワイン産業の新たな経営者を育成する世界初のＭＢＡコース

ボルドー・ビジネス・スクールに世界初のワインビジネスのプロを養成するコースが新設された。ワイン界は、特にここ数年の変化が大きく、グローバリゼーションも急激に進んでいる。ワインも地球レベルで流通される商品になってしまった——世界規模でのワイン人口と消費量の増加、新興ワイン消費国の登場（日本、オーストラリア、台湾、韓国）、ワイン情報の充実浸透、少量上質へ向かう消費者志向、新ワイン生産国の市場参入（カリフォルニア、チリ、オーストラリア、南アフリカ）、またインターネット直売を含めた流通方法の充実など。ボンヤリしていてはこのワインの〝世界化〟を生きぬけない。国際ビジネスをマネージできるプロが必要とされる。新しい需要が新コース設置へとつながった。

一年目はフィリピーヌ・ドゥ・ロスチャイルド夫人が〝スポンサー〟となった。夫人はボルドーの銘醸シャトー・ムートン・ロスチャイルド（年産27万本）のオーナーで、カリフォルニアやチリにもブドウ畑を所有。家族経営のロスチャイルド社は世界に五百人のスタッフを擁し、欧米、アジアなど一五〇カ国にネットワークを拡げる、インターナショナルなワインメーカーだ。

今年九月に開校したこのワインＭＢＡ（ワイン経営学修士）コース、受講資格は大学四年課程修了者、またはそれに準じる資格保持者。受講料

は二万八、〇〇〇ユーロ（約三〇〇万円）。定員は20人。フランスのワイン産地から集められた教授陣のもと、国際ワインマネージメントを中心に講義が進められる。授業は年間一、二〇〇時間、英語のみで行われ、うち四百時間は地方の生産現場を訪れる。またボルドー・スクールと提携関係にあるカリフォルニア、チリ、オーストラリア、日本、それぞれの大学を拠点に実施研修を受け、各国の生産方法や市場の分析、流通の実態に触れる。第一回の受講者は男女合わせて18人。国籍は、ワイン〃先進〃生産消費国のフランス、スペイン、ドイツ、オーストリア、レバノン、伝統的消費国であるベルギー、イギリス、〃発展途上〃のオーストラリア、南アフリカ、韓国。受講者は30歳から50歳と、中年層が中心になった。「グローバルな成功なくしてワインビジネスの成功はない」、とするスクール側のコンセプトから、どんな新しい人材が世界におくりこまれるか。

〃世界化〃は多くの犠牲を伴うのが常である。過酷な時代を生きる〃ブドウジュース〃。ワインの伝統を守りながら、ビジネス展開のできる、舵取りの名手を待とう。

――（01年10月）

ジビエとアルマニャックの驚きの晩餐、アルマニャックが誘う、深く豊満な香りの世界

食べたり飲んだり楽しい会話を味わった翌朝、目覚めてその一夜のできごとを惚れ惚れと反芻するチャンスなどもうないとあきらめかけていた矢先、食前＋食中＋食後の全コースをアルマニ

ャック七種で通すジビエの驚きのディネを体験した。飲み物は、度数40—50度以上というフランス東南部産のブドウの蒸留酒七本。華やかな香りの花束みたいな一本で始まった。料理は鳥や野兎。森の自然を自由に生き、運動十分、身がしまり噛みしめて美味、銃弾が出てきたりプーンと臭かったりもする野生の肉だ。強さに強さをぶづける趣向かとテーブルについたが予想は外れ、それは四時間をかけて豊かな香りの世界を彷徨う旅だった。料理もよかった。シェフがアルマニャックを知っている。さらっとモダンに仕上げたビジエ料理は注がれる琥珀色の酒を活かした。私の両隣がフランス男性だったことも幸運だった。左はラジオフランスのジャーナリスト。グラスに「ナポレオン」が注がれ、オードブルの「野兎と雉と野鴨と野鳩と雷鳥」ジビエ五種の季節のテリンヌが運ばれた。私が肉のパッチワークを拝見している間に、彼はぐっと一杯目をあけ、鼻を寄せて底に溜まった香を嗅ぎ分け味わうところ。「グラスに残った香りはアルマニャックのエスプリです。アルマニャックは、目に映る色、鼻に運ばれる香り、飲んで咽喉から鼻にのぼる香り……」「今夜のようにデザート、葉巻までアルマニャックで通す食事はフランスの古い習慣ですか？」「よく似合いますね。僕も初めてです」とまた杯をとった。同じ質問を半白の60代、現地の生産者組合の親分である右の隣人に試みた。「祝いや祭りの時に地元ではそうします」。この酒は強さではなく香り。あとからあとからの香りの誘惑に驚いた。暗い野兎肉のクセも菩提樹の白い花や蜜や梨のアロームが包んでしまった。香りは向うから来る。柔らかく丸く艶やかで、また口に含むと、さらに膨らみ、どれだけの香りが出てくるのか、ふと恐ろしくなる。戯れ合いながら料理とアルマニャックは奥へ深みへと連れてゆく。梨、杏、オレンジジャム、胡桃、皮革、バニラ、樫材の樽の味もしなやかだ。醸造、醸《かも》して造るとはこのことか。焦がした苦みの雷鳥の胸肉には湯をくぐらせたフォアグラの厚い一切れが重ねてあった。固く脂気のない肉にフォアグラのレア一切れの脂は甘く艶のあるソースだ。野獣と美女を重ねた一品に20年樽醸成が醸す芳醇が続き、喉の奥を突然ドライな辛みが突き刺す。アルコール四二・五度の腕力だろうか。あとに琥珀の香りが揺れている。豊満に美しいこの時間を、右隣のその人は「音楽や絵画を思う」と言う。それはマネでもモネでもなく、マリー・ローランサンの絵のようだと。なるほど、ピカソなど男たちに愛された女流画家、パステル調がにじみ合う、知的でセンシュアルなローランサンの絵は、漂うフランスの香りだ。アルマニャックと巡る香りの世界は、エレガントな抽象のふしぎな旅だった。

――――――――――――(03年2月)

豪雨に見舞われた、二〇〇二年ローヌワインとその悲劇、ミレジムがリアリティを語る

ちゃんとしたレストランのワインリストには、必ずミレジム(=生産年、ヴィンテージ)が書き込んである。ワインのラベルにもミレジムは明記されている。ミレジムとは、その一年の天候、太陽と雨、自然が人間に与えるリアリティ、それがワインの骨格を作るのであるが……。

ローヌワインの試飲会が続き、瓶詰めされたばかりの二〇〇二年産のワインに、どうしてもイマイチの印象を拭いきれないでいた矢先、独立酒屋連盟(60年代に大型スーパーの出現に押され小売店の90%が消失、その危機感から生まれた組織。その後、20%回復して現在四七五店加盟)の情報誌に

掲載された二〇〇二年の集中豪雨の記事が目にとまった。それはローヌ地方のワイン店主が顧客に送ったマル秘の手紙を紹介したものだった。「二〇〇二年九月八日。その日は例年の収穫前夜と同じように始まった。上々の収穫と伝えられたブドウに一粒の雨が落ちた。16時―18時半、閉店時、雨足は激しくなり明日からの収穫を案じた。18時半―23時、雷を伴う土砂降り。スリラー映画を見ている思い。翌朝六時に駆けつけた店内は50センチの浸水。泥水がダンボール箱を押し潰しビンは割れ破片が飛び散り、水道電気電話不通。ようやく携帯で友人知人にSOSを送った。翌九日、雨は16時半まで降り続いた。平均年間降雨量八〇〇～八五〇㎜の土地に、わずか24時間に五五〇㎜の集中豪雨。自然の猛威の前になす術を知らなかった……」

収穫期にブドウ畑を襲った豪雨をつぶさに体験した現場からの貴重なレポート。ワインの出来を左右するミレジムのもつ意味が、われわれ遠い消費者にもよくわかる。店主は「皆さまに思いを馳せ、皆さまからの思いを待っている」と付け加えた。その集中豪雨は、ガール県三五三村中三一一村、県全体の80％を水浸しにした。コート・ドュ・ローヌのワイン生産者中、特に大被害に打ちのめされたのは、AOCのように格のあるワインの生産者ではなく、土地の条件に恵まれないテーブルワインの生産者だった。しかし、この手紙執筆中に進められた収穫では悪いブドウは全部捨て、値段を押え早く売り切るワインを作って危険に対処しているという。「そんな不幸なミレジムのワインは生産量も少なく、水ぶくれのブドウでは痩せっぽちのワインしかできないのか」。私の質問に電話の向こうの人は、一瞬ムカッとした声をあげた。「ワインはコカコーラと違うんだよ！

二〇〇二年はフランス中があまりいい年とはいえないが、ローヌの南側は特にひどかった。手紙の通り、現地はイヤというほど苦汁をなめた。しかし一九九八年からは四年連続の、太陽に恵まれた大豊作だ。ボディがある。しっかり詰まって密度がある。だから保存も効く。四年続けて値段も上げた。生産者は強いミレジムの強気の勝負をとった」。

リアリティを語るミレジム。悲劇的なミレジムを飲んでみるのも、ワインの楽しみの一つだろう。ローヌの、スリムな二〇〇二年に幸あれ！

——(03年7月)

パリの映画スターがプロデュースしたワインの発売、フランスでワインは重要なステイタス・シンボルである

パリ。ホテル・リッツで、男と女、二人のセレブリテをシンに据えた華やかなワインのお披露目会があった。広告効果は絶大。ワインというフランスの典型イメージに、スターを登場させて、ワインを世界マーケットの話題に乗せていく。百人くらいのプロが招かれていた。どういう経緯があったのかは知らないが、二人はそのイメージによくはまったワインを選んでいた。

その男とは、ジェラール・ド・パルデュー。彼のワインは「Ma Vérité」(ぼくの真実)。テイストした中ではバランスよく、深み、旨みがあり一番の出来だった。ワインはフランス男の夢だ。人気スター・パルデューはもう一つのフランス的ステイタスを手に入れた。彼のごつく大きな手にかかると、クリスタルのグラスが小さく見えてしまう。ジャン・バルジャンを演じた彼は、フランスの土の産物であるワインの、その土のイメージを代言する、ワインの似合う男だ。

女は、シシリア島に生まれ、20歳で初めてワインを飲んだ、キャロル・ブーケ。初めて口にし

たワインが超高級ボルドー、オーブリオンであった彼女は、メルロというフェミニンな品種を百%使ったワインを選んだ。その名は、「La Croix《ラ クロワ》 de《ドゥ》 Peyrolie《ペイロリィ》」（ペイロリィの十字架）。メルロはブドウ品種の中では繊細、まろやか、華やかで、フェミニンなイメージのワインを作る。有名なペトリュスを作るブドウでもある。最近とくに流行の品種だが、メルロ・オンリーとは思い切った選択。つまり、メルロ以外のブドウを混ぜて、欠点を調整することをしていない。メルロ百%はまだ珍しい。

　二人が選んだワインは、どちらも生産量は少量。「真実」は畑面積二ヘクタール、ブドウの樹齢29年、生産量一ヘクタールあたり一、八〇〇リットル。「十字架」は畑面積一・三ヘクタール、ブドウの平均樹齢22年、生産量一ヘクタールあたり一、二五〇リットル。値段はまだ出ていなかった。

　キャロルのワインの「ペイロリィ」とは、普通の地図には載っていない小さな小さな、村よりもっと小さな字《あざな》の名前からとったそうだ。自分がだんだんワインにはまって、生産現場に通う回数が増えた、と言うキャロル。多忙なスター生活に、ブドウ畑をわたる爽やかな風や、太陽を相手に格闘する人々の姿は、素晴らしく新鮮な経験だろう。

　ブレア首相50歳の誕生日にシラク大統領はボルドーのシャトー・ムートン・ロトシルド一九八九年を六本（時価一本五一二ユーロ。エリアール調べ、ただし品切れ）を贈ったという。イラク戦争を巡って冷たい関係になっているイギリスとフランス。二人の政治家の仲直りにワインの贈りものが、なにか役目を果たすのかどうか……。しかし厳しい国際政治の舞台に差し出された赤ワインはなにかほっとさせた。

　フランスではワインは重要なステイタス。毛皮やダイヤ、ヨットやロールスロイスではなく、ワインはフランスセレブリテのおしゃれの一つなのだ。

――（03年8月）

二〇〇三年フランスは歴史的猛暑を過ごした、この暑さを耐えたワインはどうなるか

天候─太陽はワインの骨格を作るものだが、死者まで出した二〇〇三年フランスの記録的猛暑は、どんなワインを作るだろう。答えはまだ出ていないが三地方のワイン生産者に、異変の夏にどう対処したかを語ってもらった。

シャンパンメーカー、ドラピエール氏。

「パニックしている余裕などなかった。だが、比較の対象にできる前例がみつからないと思っていたところ一八二二年にぶつかった。こんなに暑く、早期収穫をしたのはそのとき以来だ。ブドウは暑い気候に慣れた地中海の植物。畑には所々に青白い実があり、畝によっては木が〝喉が乾いた〟と水不足の兆候を示していたが、葉は青々として、森の緑に、畑の黄色い緑、ブドウの緑と、緑の違いははっきり見えた。絶えず手入れをして地上に出た根は排除してきたから、必要な水を探すにも、この土地特有のミネラルを探すにも、ブドウの根は地下の十分深いところまで下りていた。この猛暑が破壊したものは酸味。いずれ酸味は発酵の過程で消えるもの、最終的には一九四七年、59年、89年、99年の「ブドウはよく熟したが酸味が少ない」大ミレジムに似ている。シャンパーニュの土は一億五千万年前に形成された。私たちはそこに二千年来ブドウを栽培してきた。そしてブドウの木は一九九五年冬にはマイナス29度を、二〇〇三年夏には43度を経験した。次世紀の地球の温暖化やシャンパーニュ地方の遺伝子組み替え禁止のニュースが聞こえる今日、ブドウはこの新事態に、自然のまま適応しなければならない。沈着さが必要だ。この異常猛暑はシャンパーニュ二〇〇〇年の、ちょっとした発熱として受け止めるつもり。圧搾の段階でブドウ汁は一二・五度。極度に低い

酸味と稀有な濃縮度。まだ生まれていない猛暑のワイン、あっと驚かされる危険もありうる。Millesime Exception 2003と刻んだビンを注文した」。

ブルゴーニュのモルゴン生産者ピロン氏。「通常気温は30度から35度。二〇〇三年七月十四日は42度。ブドウの実の温度35度。八月十五日、一カ月早く収穫。収穫量減少、畑によって通常の40―53%の実は傷がなくクリ色、腐った実はなかった。値段は原価で20―35%増、消費者に渡るときは10―15%の値上がり。作り手の考え方次第でさまざまなワインができるでしょう」。

南はラングドック・ロシヨン地方。生産者の一人が村役場に出生届を出しに行ったがおかんむりだ。「役人ちゅうのは困ったもんだ。子供の名をすぐ言えとぬかす。生まれたばかりの子だ。まだ顔だってろくに見る間もない。ワインだって子供と同じさ。どの子も違う。ワインを作って一年として同じ年はないが、二〇〇三年はまさしくそんな年。ワイン生産者の記憶に深く刻まれるミレジムだ」。

自然を相手に与えられた条件から最善を尽くし生きる生産者の姿は逞しくしたたかだ。いまは生産者の生な証言を記憶して彼らの二〇〇三年をグラスに注ぐ日を待とう。そのときこそ問わず語りに、ワインとは何かが静かに舌の上で語られるだろう。

――――――――（04年2月）

ひとりの男の信念と努力がよみがえらせた、マディランワイン、ワインの神様バッカスの見守る下でその熟成を祝す

フランス南西部ポウ市。空港に出迎えてくれたアラン・ブルモン氏は、一瞬別人かと思った。ツバの広い帽子とコーデュロイの上下、靴には泥土がこびりついている。五年前背広姿で会ったその人は、迫力のある手で私に握手する。精悍と成熟の入り混じった57歳。これから滞在する24時間に彼の五年間を探してみようと決めた。

アラン・ブルモン氏は、フランスのAOCワイン「マディラン」(madiran)の生産者。二つのシャトーのオーナーである。ワイン畑に生まれたが、家族を離れ自分の道を選んだ。タナット品種で作るマディランは、かつてタナットワインと呼ばれ華やかなときを経験したが、その後はただタンニンの強いだけの魅力に欠けた赤ワインにまで落ち込んでいた。第一、レストランでもマディランを探して飲もうとは思わなかったし、いいレストランのリストにはその名は見かけなかった。強さだけではとうていボルドーに太刀打ちできない。ここ生産地でもタナット品種は抜き取って捨てられるべきブドウの木だった。だが80年代後半からマディランとアラン・ブルモンの名が聞かれるようになる。彼はワイン作りの原点に立ちかえり、土着の品種タナットに賭けた。ワインは「土とブドウと人間が作る」と信じ、自分の手で一本一本植付けた。そして15年、20年の精力的試行錯誤の後、若い異端は地域全体を牽引していく機関車的存在に変った。直感が武器だった。精力的に働いた。平均年齢35歳のチームを作り上げた。彼の右手は親指と人指し指の間の骨がえぐりとられたように変形している。働いて摩滅した手だった。

空港から一時間余、シャトウ・モントュスに着いた。ブドウ畑の中に立つ10室のブルモン氏の

ホテル。今夜はそのオープニング。気に入った部屋へどうぞと言う。一番目の部屋のドアを開けて度肝を抜かれた。青い部屋。天井いっぱいにワインの神様バッカスとミューズたちの奔埒な絵。隣の部屋はローズ、オレンジ、紫、黄色、次々にその天井に登場するバッカス……。試飲と食事の後、これ以上は飲むことも食べることもできないと部屋にもどりベットに体を投げ出したとき、さっき見上げた天井の裸体の人々のショックは消えた。翌朝は晴れた。眼下に細い帯のように一筋の川が流れ冬のブドウ畑が広がり彼方に雪を頂いたピレネーがみえた。「今日は私にとっても感動的な日です。23年間、自分が作ったワインを初めて通しでテイスティングしました」。彼の傍らにはスキー場で出会って醸造責任者に抜擢した31歳のジーンズの青年の試飲する真剣な姿もあった。ディネもよかった。三種のフォアグラ、ピレネーの黒豚、タルベ産白インゲンのピュレ。

マディランワインはふたたび幸運を掴んだようだ。肉付きよく、しぶといタンニン、作り手の成熟はエレガンスを求めて駆けていく。きびしく充実した24時間、豪勢な夕焼け空をあとにパリ行き便に乗った。

——（04年3月）

カーニバルの町、リムーでつくられた発泡酒、柔らかな口当たりとすがすがしい香りに、土地の伝統と気質を味わう

人口一万人のフランスの田舎町リムー(limoux)は地中海から西へ百キロ、スペイン国境まで南へ30キロ、一三〇キロ走るとピレネー山脈でスキー、百キロ行けば海水浴が楽しめ、ブド

ウ畑の緑の起伏が囲む。南なので赤ワイン産地かと思うとそれが白ワイン、それも発泡酒が得意。かつてシャンパンの〝発明者〟ドン・ペリニヨン師はこの地を通って、泡のある白ワインの存在を知ったという。発泡酒発祥の地……。

町の中央に「共和国広場」がある。回廊の巡るその広場にカフェが四軒もある。それもしがない田舎のカフェではない。観光地とはいえそんなにカフェ人口があるのだろうか。さらに驚くのは、毎年、街をあげてのカーニバルが催されることだ。世界一長いというカーニバルは一月半ばから三月までの11週間続く。毎週末、一日三回、12、17、24時に仮装した町民たちが踊りながら共和国広場に繰り出す。ミュージシャンは太鼓、ラッパ、クラリネット、コントラバス……揃いの制服、何もかも半端でない。黒い仮面に顔を包んで参加してみた。リズムは単純、すぐのれる。繰り返される単純なそのリズムは、収穫したブドウを大樽に入れて男たちが足で踏んで潰した、その昔のワイン作りのリズムだそうだ。ゆっくりとムリがない。そうだ、盆踊りだ、違いは各人が意匠を凝らした仮面と仮装。この仮面と仮装によって金持と貧乏人、若者と老人が平等なカーニバルの一員になる。

カーニバルの夜更けに回廊のカフェで、小さな泡があとからあとから上る白ワインをためしてみた。「祖先伝来の製法で作ったブランケット(Blanquette Méthode Ancestrale)」と呼ばれる発泡酒。口当たりが柔らかく飲みほすとあとに青リンゴのすがすがしい香りが残る。アルコール度は低く、ビール並みの六度。昔からこの町リムーだけに育つ品種モーザックブドウを百%使用、アルコール発酵を途中でやめて糖分を残したドゥミ・セック=やや甘口。デザートの素朴なアップルパイとも、なかなかよろしい。思いがけない土地の「味」との出会い。出かけてきてよかった。クレープやスフレ、マンゴのタルトなど相性のよさそうなフランス菓子が思い浮かんだ。

記録によると、祖先伝来の製法は少なくとも一五三一年までさかのぼるという。その製法を今日まで受け継いでひなびた発泡ワインを作り、カーニバルの伝統を守りつづけるワイン生産地。ブドウ畑は地質の違いで四種類に分けられる。四色のバラをブドウ畑のふちに植えて、四種の地質を表現する10年がかりの計画が進行中だ。黄色のバラはオタン地質（標高一五○—二○○m・雨量五七○㎜）に、深紅は地中海地質（標高三○○m・雨量七八○㎜）に、大西洋地質（一○○—二○○m・六五○㎜）にはローズ色を、高山地（三○○m以上・七五○㎜）にはオレンジ色のバラを。ブドウ畑を飾るバラはブドウ畑のアイデンティティ。しばし地上のせせこましさを忘れさせる旅だった。

——（04年7月）

ワインの意識に変化、値段の張るボルドーが敬遠され、小シャトーが手を結び健闘する新しい時代へ

「フランス人のワインの味覚は上達した。もうだれも目をつぶってワインを買わないし、高価すぎる大ボルドーは敬遠する」。フランスのフード雑誌『エル・ア・ターブル』は二人のワインのプロに最新のワインについて傾向を語らせている。私自身、年間五、六百本を試飲する。五百本なんてプロの足元にも及ばないが、それでも五百本を通して見えるのは、作る側と飲む側の変化。それがここへきていよいよはっきりしてきたこと。ラベルのデザインやビンの形や色、缶入りワインも！　記憶しやすいネーミング、ロゼ＝ピンク色ワインの流行、20代後半から30代ももうジャリっ子ではなく次のワインの味を決める作り手、新しいワイン味覚の傾向を生み出す新消費者群に成長した

（料理についても、30代シェフたちの作るものには新しさが加わっている）。

生産現場でも例えば、ボルドーの小シャトー四つが手をつなぎミニグループを作る、新発想や技術上のノウハウなどオープンに情報を交換する。販売面でも仲良く協力を惜しまない。協同組合が強力なリーダーのもとに結集し一つのワイン名を前面に押し出してアメリカへも売りに行く。「わが道を行く」が超得意の頑固なフランス人気質にも変化がみえる。世界のフランス語人口がトップ三位から九位に落ち込んだ現実もある。市場にはブルガリア、ハンガリアなど、もと共産圏の安価なワインも遠慮なく国境を越えて侵入。オーストラリアやアメリカのケタ違いな大量生産ワインも押し寄せる。「変化のスピード」と「世界化」を無視してはもう生き残れない。

小売現場責任者がつづける。「赤ワインは、色が濃く、強く、ボリュームがあり、新樫樽の木の香を匂わせた90年代スタイルに飽きがきて、消費者の選択は、〝若くさわやかなフルーティー、バランスがよくエレガント〟に。一九九七年に値段のハネ上がったボルドーは、これまでグラン・クリュを好んで買った客を遠ざけた。パリのワインだから、シャンパーニュは健在、相変わらず売れている。値段が安く質が向上したラングドック、またスペイン、イタリア、南米など外国ワインの売れ行きも目立つ。フランスは世界唯一のワイン国ではなくなった。最近の愛好者たちはガイドを手に買いにくる。批評家の意見も参考にする。一家の何世代もが同じシャトーを飲み続けることもなくなった。銘柄にこだわるよりは好奇心が先行し、新しい発見に敏感だ。AOCの重要度は減り、絶対の選択肢ではなくなった。権威といえばロワール地方トゥレンヌのテーブルワイン。ワイン階級で言えば、最下位が40ユーロでたくさん売れた」

私が最近飲んだ白もロワール、サンセールで、大ブルゴーニュと間違えそうだった。ホント、どこからナニが現われるかわからない。ラベルを保存。うかうかしてはいられません。おたがい好奇心の目を光らせて21世紀を飲みましょう！

――（04年10月）

最高の料理と味わう極上のシャンパン、ボーランジェ、若さと力強さでその風格を裏付ける「RD1995」に魅了される

Bollinger（ボーランジェ）。いつかこの素晴しいシャンパンのことを書きたいと思っていた。その機会がやっときた。ボーランジェをテイスティングする昼食会が50人のジャーナリストを招いてホテル・ムーリスのレストランで催された。シャンパンが白ワインであることは誰もが知っているが、極上の白ワイン、ボーランジェを相伴する食事には、このシャンパンの風格にふさわしい舞台が必要だ。料理もこの日の四本のために、若手のトップを走る35歳のシェフ、ヤニック・アレノが特別に誂えた。

「スペシャル・キュヴェ」には蟹のツメ肉とアボガドのババロア。「グラン・ダアネ1997」には軽くジンジャーが香るラングスティーヌに貝と白ネギのクリームスープ。つづくメインは「RD1995」にヒラメ。骨付き肉厚の身から美しい大ヒラメを想像させるボリュームの一切れ。その見事な切り身のローストに子牛の随をのせたシェフの最新クリエーション。白身の魚の脂不足を、バタでなく、子牛の髄のゼラチン状の軽い脂で補っている。「RD95」とヒラメのマリアージュは会場をうならせた。

ボーランジェRD1995。

「RD」とは、シャンパン用語で、Recemment《レサモン》

（最近）Degorgé《デゴルジェ》（カスを排除）のこと。ボーランジェ固有のコンセプトで大ワイン年にのみ造られる。ブドウがナミの年には存在しない。8年から20年、25年とカーヴで熟成される。一九五二年から今日までの約30年間に一九五三年、55、61、64、66、69、70、79、81、82、85、88、90、そしてこの95年、14種のＲＤが誕生した。瓶詰めして三ヵ月寝かせ、ワインの動揺がおさまったら市場に送り出す。熟成には、不必要な木の香とタンニンを避けるため五年以上使った小型の樫樽を使う。樫樽の使用は今日シャンパン地方でもまれになった。長期熟成の結果、その澱《おり》からワインはさらに養分を摂取する。シャンパンは混合調合して造るワインだが、ＲＤ１９９５は17の「最高級」と「１級」のブドウ畑のワインを配合したもの。ブルゴーニュではピノ・ノワールから赤を、シャルドネから白を造るが、ＲＤは赤ブドウのピノ・ノワール63%とシャルドネ37%を合わせ、「力強く男性的」特徴をつくる。

大ミレジムのシャンパンが八年カーヴに眠り、このテイスティングの日より三ヵ月前に仕上げられたＲＤは若々しく美しい酸味健在、ボディは複雑豊かでアロマティック、切れ味よく、髄の脂肪をカットしながらヒラメを引き立てた。八年のシャンパンの若さに驚く。赤ワインではもちろんない。ブルゴーニュの立派な白を思い浮かべるが、これまた別モノ。デリケートにして大胆な辛口。テーブルでの話もはずんだ。舞台も申し分ない。レストランには六メートルの天井から四基のシャンデリアが降りている。いい時代に作られたのだろう、その黄金がきらめく、クリスタルの大輪だ。室温が上がったのか、ボーランジェのマジックか、クリスタルの花びらはキラキラ揺れた。陶然と食都パリがもてなす豪奢のひとときに身をゆだねた。ポンポン抜いて嬉しい祭りのシャンパンばかりがシャンパンでないことを、ボーランジェＲＤ１９９５は雄弁に語ってくれた。

———（05年１月）

あとがき

ゲラを読みながら、思いました。

あのころ私はワインに熱かった。鉄は熱いうちに打てといいますが、あのころ私はワインが知りたくて、わからなくて、夢中でした。もう冷めてしまったかといえばそうではありません。ソムリエが薦めてくれたものより、自分の判断のほうが確かかなと思うことがあるのです。理由は簡単で、フランス料理もよく食べましたから、料理もワインも場数を踏んで、それぞれの性格を知り、二者のマリアージュが確かになったのです。好みもあります。グラスを口に運びながら、このワインちょっと違うぞ、と思えば、さあどう解決するか。ワインゲームが面白くなり、楽しめるようになりました。

ワインを書く、そのきっかけを作ってくださったのは、『花椿』誌の平山景子さん、彼女の冴えたファッション感覚でワインの新しさを素材として拾われたのです。ワインの記事はまだ殆どなかった、一九八一年のことです。出来たときに原稿をお渡しする、というお約束で始めました。初めて訪れたブドウ畑はペトリュス、八二年ミレジムが樽に熟成中、醸造庫には若い勢いのある匂いが詰まり、ワインの激しい呼吸を感じました。味見もさせていただきましたが、ペトリュスがそんな偉いワインだとは、もちろん知りません。そのあと、ウノローグのクロード・ベルエさんが畑に連れて行ってくださり、「マダム、ワインを作るのは土です」と一握りの土を掴んで、目の前に示されました。「土は車のようなものです。運転が上手ければスピードは出ます。しかし、どんな名ドライバーの腕にかかっても車からヒコーキのスピードはとりだせないのです」

幸運な出発でした。今日に至る私のワイン旅行のしょっぱなに、こんな素晴らしい出逢いがあったのです。その後も、ワインのおかげで、私は、ただごとでない、たくさんの専門家の方々にお会いし、いろんなことを教わりました。いまもお付き合いくださっている方もあるし、亡くなられた方もあります。お顔を思い出しながら、お会いしたときの風景や風や匂いなど、懐かしく思い出します。人間との出逢いが面白くて、ワインとのお付き合いが続きました。ワインや料理との付き合いも、人とのそれと変わりありません。作った人の感情が詰っています。だからグラス一杯のワインとの対話がうれしいのです。『花椿』誌とのお付き合いも二十五年を過ぎました。おかげさまでワインの旅は今日も続いています。平山景子、小俣千宜、谷隈直美、吉田伸之、初めからずっとアートディレクションに当たってくださった中條正義の各氏に、心からお礼を申し上げます。このたび編集の労をとってくださった駿河台出版社の石田和男さん、フランス語の達者な編集者についていただいて心強かったです。ありがとうございました。

二〇〇五年五月

サンルイ島で　　増井和子

文章は「花椿」誌に連載したものです。

原題と掲載年月号ナンバー

I

シャトー・マルゴー　バラの香りがしませんか……　１９８４年1月　NO４０３
パリの刺身とムスカデ　１９８５年2月　NO４１６
ロベールのワイン　１９８５年6月　NO４２０
ボルドー・ペトリュスへの旅　１９８５年7月　NO４２１
ロベールのペトリュス　１９８５年11月　NO４２５
麗しき泡、シャンパン　１９８６年1月　NO４２７
日本へ来た、14本のワイン　１９８６年12月　NO４３８
モンラシェのおじいさん　１９８７年6月　NO４４４
アルザスのワイン　ゲヴェルツトラミネール　１９８７年11月　NO４４９
アルザスについては特に加筆しました。尚、Iの文章は、その後『ワイン紀行』（文芸春秋社）に掲載されたものです。

II

パリ産のワインはモンマルトルのブドウ畑から　１９８９年4月　NO４６６
ワインを味わうためのグラスはクリスタル。型もワインにあわせて　１９８９年12月　NO４７４
太陽がいっぱいだった一八八九年は、前例をみない大ワインの年　１９９０年2月　NO４７６
クルユ・ブルジョワで、ボルドーワインの格と質を知る　１９９０年6月　NO４８０
〈ル・ヴェール・エ・ラシェット（Le Verre et l'Assiette）〉はワインと料理の本を揃えた本屋　１９９１年5月　NO４９１
パリのレストランで静かに流行中のデザートワイン、バニュルス　１９９１年9月　NO４９５

アメリカの専門誌が選ぶ、世界の優れたワインリストのレストラン　１９９１年10月　ＮＯ４９６
’88年、’89年、’90年と三年連続の大ミレジム。例えば試飲会で、’89年のポムロールは20点満点の19　１９９２年７月　ＮＯ５０５
’89年は天候に恵まれてフランスワインの当たり年。アルザスは高価な〝貴腐ワイン〟で勝負した　１９９２年９月　ＮＯ５０７
安ワインに甘んじてきたロゼが、最近パーティーなどでシャンパンのかわりとして出るようになった　１９９２年11月　ＮＯ５０９
赤い果実の香りがする。小さな村の、安くて美味しい赤ワイン　１９９３年11月　ＮＯ５２１
試飲の季節。洗練された試飲会を企画する女性プロデューサーがいる　１９９４年２月　ＮＯ５２４
一八九三年産のシャトー・ディケム。百歳のワインのエレガンスを愉しむ　１９９４年３月　ＮＯ５２５
ワインと旅行が手をつないだ、中世の面影を残すアルザスのワインルート　１９９４年９月　ＮＯ５３１
レストランでソムリエに導かれて、ワインを愉しむ　１９９５年１月　ＮＯ５３５
赤とロゼの中間の若くて軽いボルドーワイン　１９９５年７月　ＮＯ５４１
大ワイン年’90年産シャトー・アンジェリュスの赤の色　１９９５年９月　ＮＯ５４３
太陽がワインの性格を形作る。ブドウにたくさん太陽がふり注いだ年は大ミレジム、ワインの当たり年　１９９６年３月　ＮＯ５４９
パリの３つ星レストランのシェフソムリエが厳選した、食事を彩る、最高級シャンパン５本　１９９６年８月　ＮＯ５５４
詩人のように、自己を表現するワインをつくる、異色のワインメーカー、ディディエ・ダグノー　１９９７年６月　ＮＯ５６４
最高の環境でワインを学んだ、ソムリエの若き旗手。若く尖ったチャレンジ精神でワインの世界を冒険する　１９９８年３月　ＮＯ５７３
「トゥール・ダルジャン」の重厚膨大なワインリスト。５章９０００種のデータはソムリエの情熱の厚み　１９９８年７月　ＮＯ５７７
プロヴァンスのロゼは、夏の風物詩。その香りと色を楽しみながら、キラキラした陽光と季節を味わう　１９９８年８月　ＮＯ５７８
ワインに木の香り。ワイン作りに欠かせない酸素を適量自然に送り込む木樽が、あらためて注目されている　１９９８年11月　ＮＯ５８１
ワイン業界にも増えている女性の進出。メークやファッションと同様に作り手の個性が活かされる「女性ワイン」　１９９９年３月　ＮＯ５８５
作り手の情熱と野心が起こした小さな革命。力強く上質な地中海の赤へと変貌した、ラングドック＝ルシヨン　１９９９年４月　ＮＯ５８６

10年の歳月を経て、ワイン作りにかけた情熱が実を結ぶ。異端から正統へ、成長を遂げたアルザスのＪＭ・ダイス　１９９９年６月　ＮＯ５８８

エキゾチックなタイ料理とフランスワインのマッチング。互いの個性が引き立てあって、ワインの世界は広がった　１９９９年７月　ＮＯ５８９

ジェラの山岳地で作られる黄金のワイン。一度飲むと記憶に刻み込まれてしまうほどに個性的な味がする　１９９９年８月　ＮＯ５９０

１００年という「時」の重みが積みかさなったワインと料理。２０００年の夜明けを迎える特別の宴　１９９９年11月　ＮＯ５９３

冬のパリで見かける、スタンドの生がき。種類も豊富なフランス産カキを、ロワールの白ワインで楽しむ　２０００年３月　ＮＯ５９７

人間が初めて作ったワインはどんな味だったろう。「初収穫」と名づけた、自然そのままの赤ワイン　２０００年６月　ＮＯ６００

スペイン産の食品で、男性的な味覚を愉しむ。コクのある黒ブタの生ハムと、生産方法もユニークな辛口のフィノ　２０００年９月　ＮＯ６０３

波の揺れ、水圧、水温などの影響を受けながら、海底というカーヴに眠ったワイン。陸と海のワインを比較する　２０００年12月　ＮＯ６０８

小さなワイン産地マディランの赤ワイン。忘れていたおいしさを、作り手の20年の思いと共に再確認する　２００１年３月　ＮＯ６０９

ワイン界でも急進する、グローバリゼーション化。ワイン産業の新たな経営者を育成する世界初のＭＢＡコース　２００１年10月　ＮＯ６１６

ジビエとアルマニャックの驚きの晩餐。アルマニャックが誘う、深く豊満な香りの世界　２００３年２月　ＮＯ６３２

豪雨に見舞われた、２００２年ローヌワインとその悲劇。ミレジムがリアリティを語る　２００３年７月　ＮＯ６３７

パリの映画スターがプロデュースしたワインの発売。フランスでワインは重要なステイタス・シンボルである　２００３年８月　ＮＯ６３８

２００３年フランスは歴史的猛暑を過ごした。この暑さを耐えたワインはどうなるか　２００４年２月　ＮＯ６４４

ひとりの男の信念と努力がよみがえらせた、マディランワイン。ワインの神様バッカスの見守る下でその熟成を祝す　２００４年３月　ＮＯ６４５

カーニバルの町、リムーでつくられた発泡酒。柔らかな口当たりとすがすがしい香りに、土地の伝統と気質を味わう　２００４年７月　ＮＯ６４９

ワインの意識に変化が。ボルドー、ブルゴーニュが敬遠され、小シャトーが手を結び健闘する新しい時代へ　２００４年10月　ＮＯ６５２

最高の料理と味わう極上のシャンパン、ボーランジェ。若さと力強さでその風格を裏付ける「ＲＤ１９９５」に魅了される　２００５年１月　ＮＯ６５５

ワインが知りたくて

2005年6月25日　初版第1刷発行

著者　増井和子

デザイン　STUDIO SESAMI
発行者　井田洋二
発行所　株式会社　駿河台出版社
東京都千代田区神田駿河台3丁目七番地　〒101-0062
電話　03-3291-1676（代）
FAX　03-3291-1675
振替東京　00190-3-56669
http://www.e-surugadai.com
製版所　株式会社フォレスト
印刷所　三友印刷株式会社

ISBN4-411-00397-X C0077 ￥1800E